Demi的旧物改造日记

黄丽莹（Demi）著

机械工业出版社
CHINA MACHINE PRESS

图书在版编目（CIP）数据

Demi的旧物改造日记 / 黄丽莹著. —北京：机械工业出版社，2019.7
（手作小日子）
ISBN 978-7-111-62999-3

Ⅰ.①D… Ⅱ.①黄… Ⅲ.①布料-手工艺品-制作 Ⅳ.①TS973.51

中国版本图书馆CIP数据核字（2019）第120920号

机械工业出版社（北京市百万庄大街22号 邮政编码100037）
策划编辑：于翠翠 责任编辑：于翠翠 马 晋
责任校对：李 杉 责任印制：李 昂
北京瑞禾彩色印刷有限公司印刷

2019年7月第1版第1次印刷
187mm×260mm・6印张・2插页・102千字
标准书号：ISBN 978-7-111-62999-3
定价：39.80元

电话服务
客服电话：010-88361066
010-88379833
010-68326294

网络服务
机 工 官 网：www.cmpbook.com
机 工 官 博：weibo.com/cmp1952
金 书 网：www.golden-book.com
机工教育服务网：www.cmpedu.com

前言 PREFACE

孩童时，我们会用手工作品表达对妈妈的爱；

青春期，女生们会聚在一起织着准备送给喜欢的人的围巾；

长大了，会给不舍得丢弃的物件换个造型，继续相伴……

在你的生活中是否有很多闲置的物品？它们是否能够历久弥新？一条不穿的牛仔裙，一些剩下的毛线，一件旧衬衫，几个废弃的奶粉罐，不准备要的床单，甚至是一根绳子、一个纽扣……只要稍加改造，它们就可以变成背包、软软的垫子、可爱的裙子、懒人沙发或者宠物帐篷……

这些“重生”的作品一定会让你耳目一新，我将在本书中详细说说它们的设计初衷和制作方法。为降低难度，让经验不多的朋友也可以轻松制作，本书开篇会介绍书中用到的基本工具和技法，并且所有作品均采用手缝方式完成。当然，你也可以使用机缝的方式来使作品达到更完美的效果。本书共分七篇，与《布简单 2：花点时间做布艺》不同，这次我在每一篇和每个作品教程前面都写了很多文字，说一说我对生活和手工的体悟、设计初衷，还有关于作品的“碎碎念”。我希望这些文字能让教程有趣起来，还希望它们能让你得到更多的信息。有些图文未能表达清楚之处，我录了几个视频来优化。扫一扫书中的二维码就可以看视频哟！

我想用这 24 个作品触发你创造的开关，通过它们为你提供一些灵感，创造更多的手工作品来温暖生活。这些作品都可以根据你自己的想法进行调整，无论你是手工新手还是手工达人，都可以在本书中找到不一样的乐趣。

手工是生活的点睛之笔，除了可以传递温暖，更是一种生活态度。快和我一起发挥想象力，天马行空地让手工为生活增色吧！

黄丽莹（Demi）

CONTENTS

本书中的基本工具

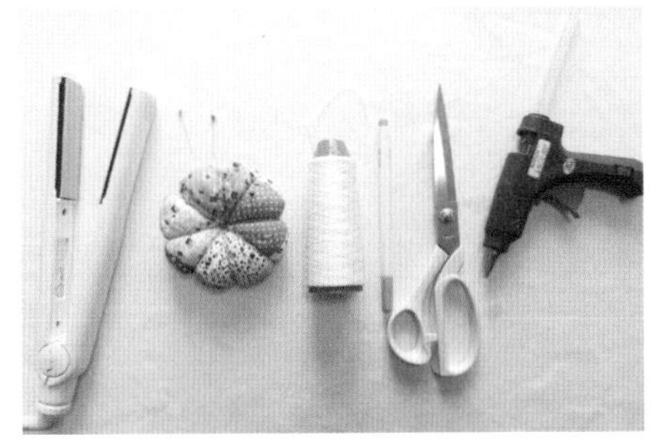

直 发 板： 当你没有熨斗但需要熨烫小物品的时候，直发板是个很好的选择。

珠　　针： 可以用来固定布片位置。

针　　插： 方便在使用完针后随手安置它们。此南瓜针插为《布简单 2：花点时间做布艺》中的作品。

线： 白色线很百搭；可以多准备一些其他颜色、不同粗细的线。

水 消 笔： 用于在布料上画线等，可做记号，沾水即可消失。

剪　　刀： 一把锋利的剪刀可以更好地裁剪。

热熔胶枪： 热熔胶可以很好地粘贴物品，搭配热熔胶枪使用更加方便。在没有热熔胶枪的情况下，也可以使用打火机。

本书中的技法

本书中的教程会涉及一些知识点及小方法，当你掌握了它们，就可以熟练地运用到制作其他东西上面。

留返口

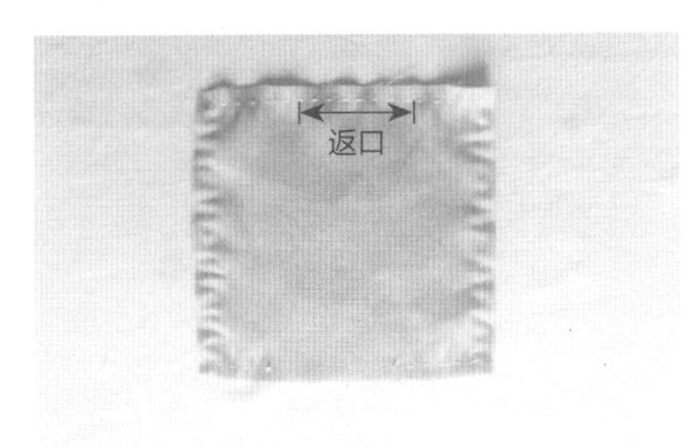

1 在背面缝合两片布后需要翻回去时，通常要留一部分不缝合，通过这个“口”返回正面，这就是“返口”，如图所示。将返口留在较平的边的中间位置，会方便缝合。

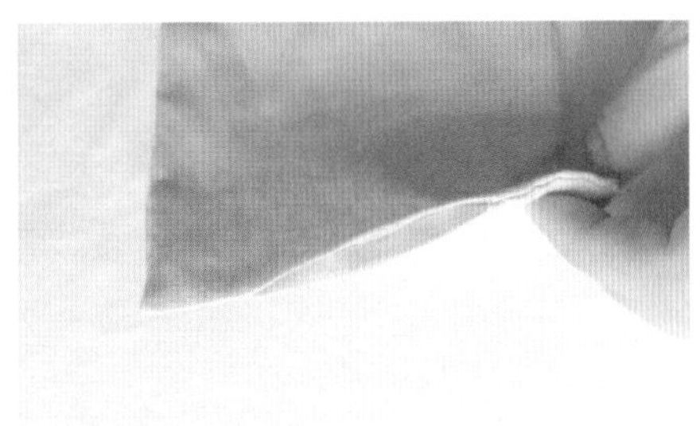

2 翻回正面后的返口，用藏针缝方法缝合。

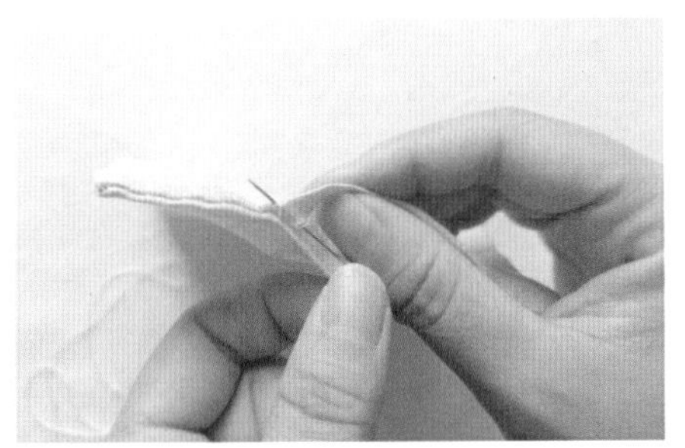

3 针由布片折边里面进入。

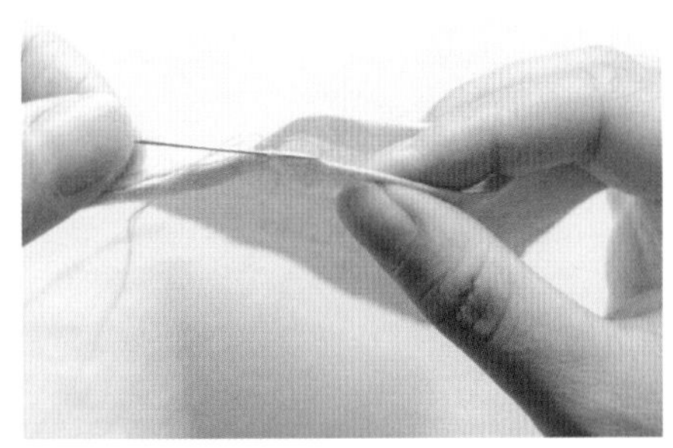

4 顺着折痕平行入针。

留返口

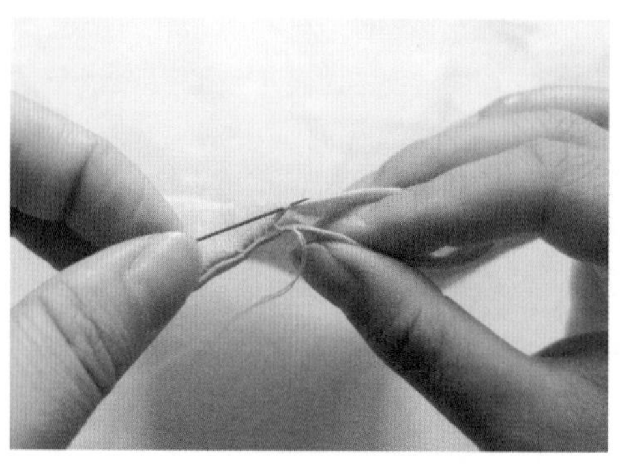

5 继续由另一边入针，不断反复，左右错开。

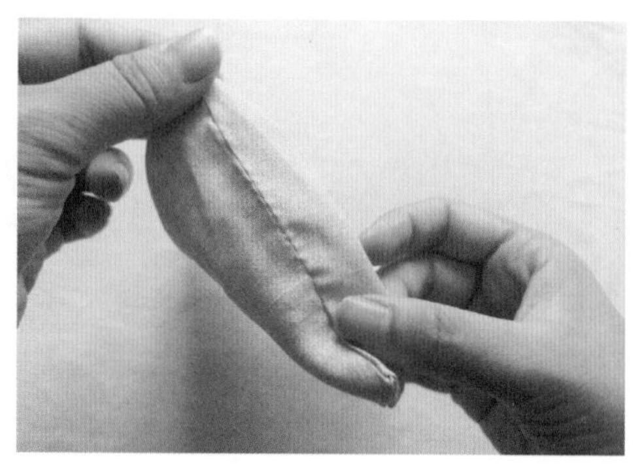

6 缝合完毕。

剪牙口

剪牙口

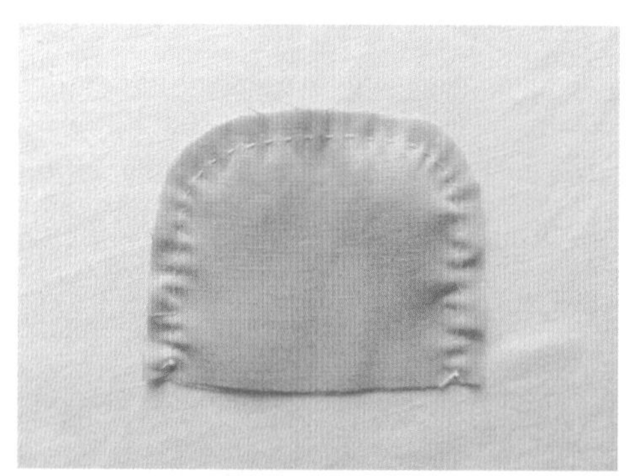

在背面缝合完布片，需要翻到正面时，如果有弧形边或凹进去的拐角，如果直接翻回正面的话，布料会不平整，这就需要剪牙口了。

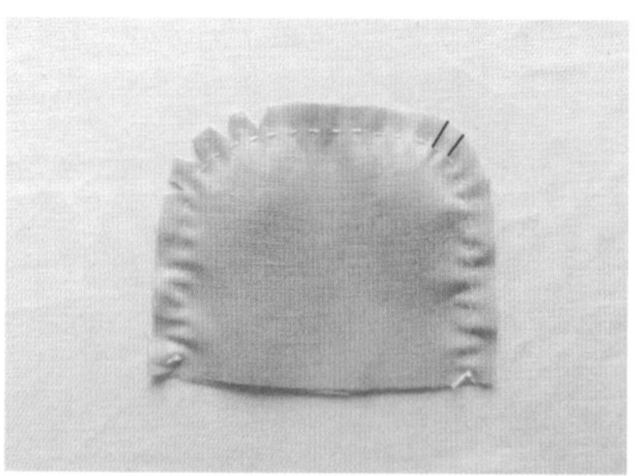

两种剪牙口的方法：布片左边，在圆角位置剪三角形缺口；布片右边，直接剪两下（红线处）。

注意

不要剪到缝线。

安装四合扣

四合扣可以用在很多地方，是非常实用的扣子。

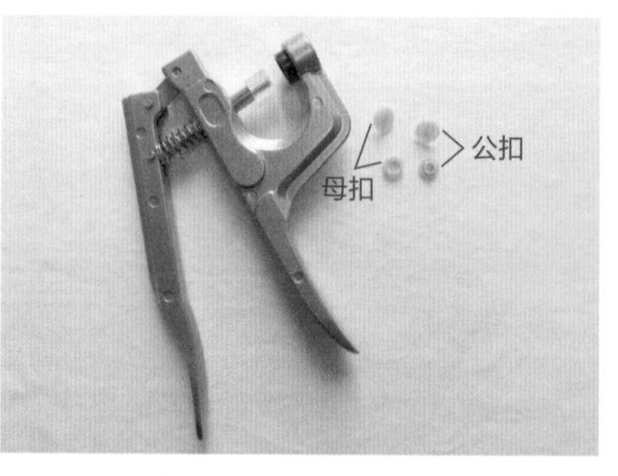

一组四合扣共 4 个部分，需要用手压钳安装。

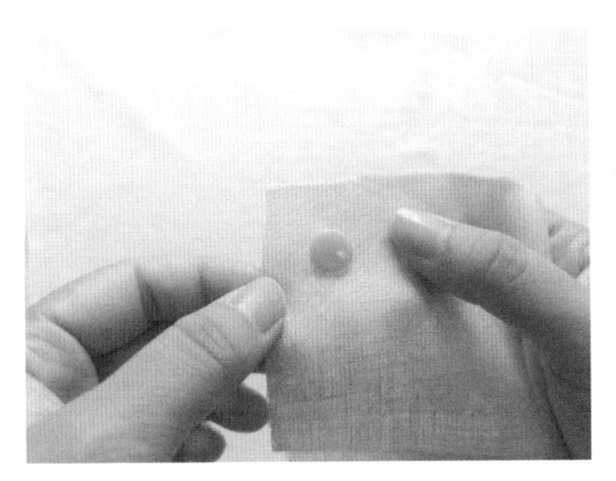

1 将面扣压进布料，正面如图所示。

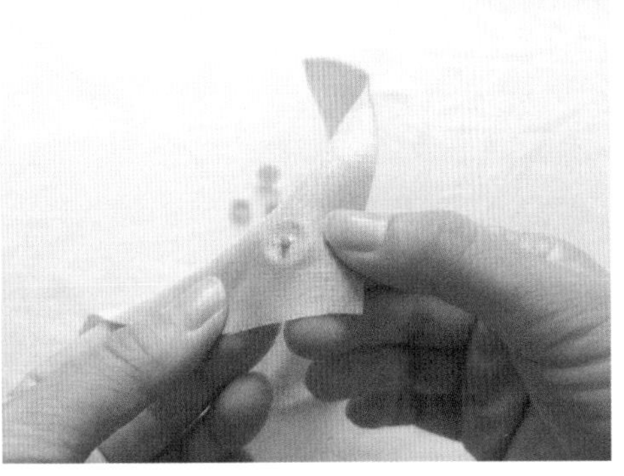

2 背面如图所示。

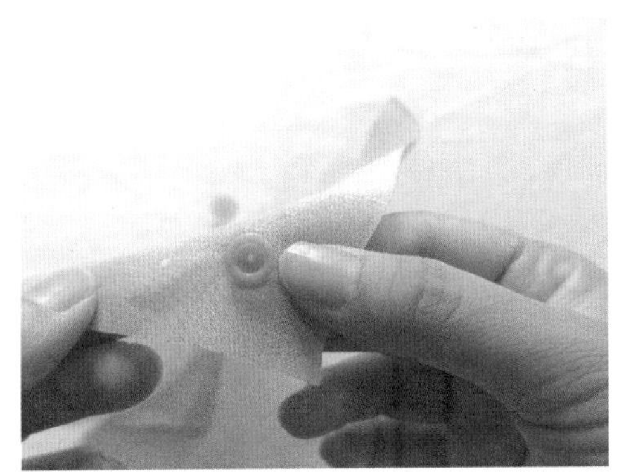

3 将与之配套的部件套上去。

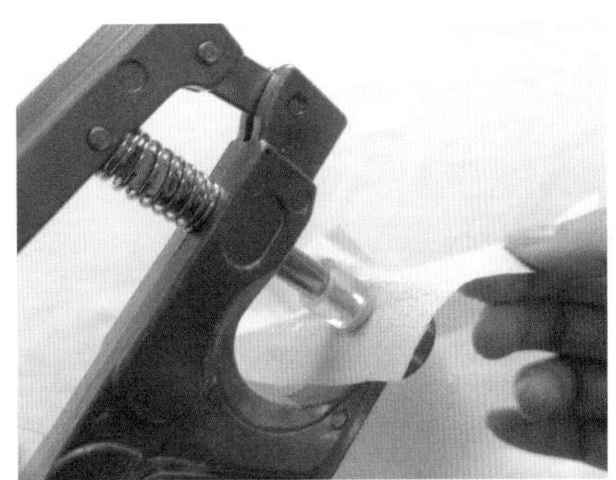

4 对准位置，放入手压钳凹槽，用力压紧，母扣就安好了。

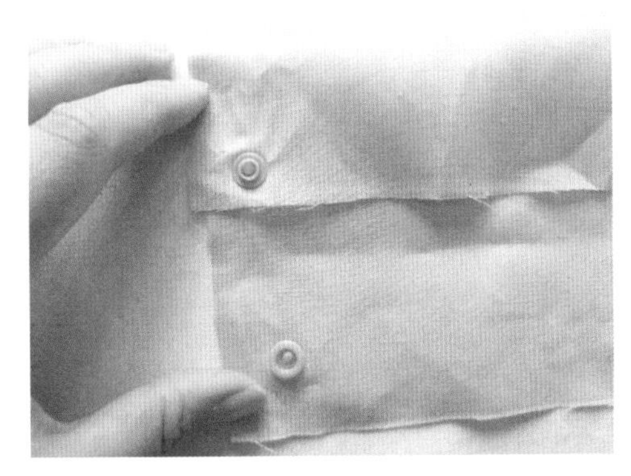

5 用同样方法安装公扣（注意最终扣的正反面）。

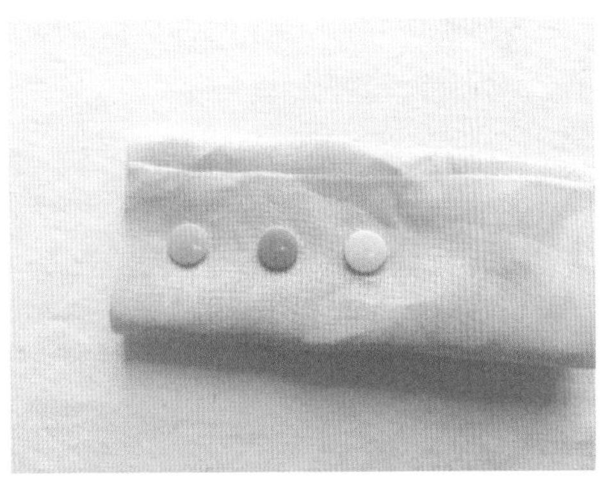

6 安装时要注意母扣的位置，如母扣应安在衣服的前门襟上。

第一篇 礼物记

礼物，是向受礼者传递信息、情感、意愿的一种载体。生日、新年、结婚纪念日……每一个特殊的节日里我们总会用礼物来表达最温馨、美好的心意。礼物有很多种，在古代，衣物、珠宝、食物及田宅等是比较常见的礼物。也许每个人都曾经历过为选礼物而烦恼的时刻，有时候我们可能会挑贵的礼物送，有时候我们会挑对方需要的东西送。我觉得，礼物不在贵重，在于心意。我更加喜欢亲自动手为朋友、亲人制作礼物，其中包含的情感，正如我做手工的初衷——怀着真切的情感和期待，做一个暖心的手作者。我希望可以将这份“暖心”传递给你，请收下这份礼物吧！

致自己——泰迪熊

如果你问我喜欢什么东西，我会告诉你——泰迪熊。

缘不知所起，我就喜欢上了泰迪熊，大概是上一年级的时候，我一眼相中了哥哥房间的玩具小熊，爱而不得激发了我拥有的欲望；大概是因为隔壁晾衣架上，穿着牛仔背带裤、被夹着耳朵随风摇摆的小熊；大概是因为电影《泰迪熊》中孤僻的约翰儿时一个充满童心的愿望……我的第一只称不上泰迪熊的熊，是我妈妈送给我的，这是我记忆深刻的一件事。后来，因为一部韩剧，我对泰迪熊有了更深的认识和兴趣，去韩国泰迪熊博物馆参观也被列入了我的愿望清单。在2019年初，我终于站在了泰迪熊博物馆，很开心，终于如愿以偿了。然而，令人沮丧的是，昂贵的价格成为阻碍我拥有更多泰迪熊的一大因素。可又有什么能阻碍一个做手工的人呢？

大小随意，造型随心，你一样可以制作自己心目中的泰迪熊。

摄影：沈丽

材料、工具

羊羔毛布料 1 片（40cm × 40cm），棕色布料 1 片，棉花和粗线若干，玻璃眼睛一对，关节配件（非必需品），水消笔

碎碎念

布料可以任意选择，毛的、棉的均可，不同的布料质感也会不一样；可以使用图中的关节配件，也可以直接用线固定；可以自己放大或者缩小纸样的尺寸。

步骤

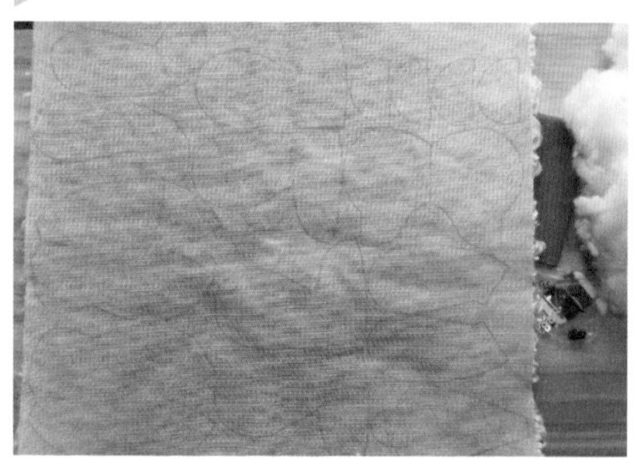

1 根据纸样画好并裁剪羊羔毛布料。

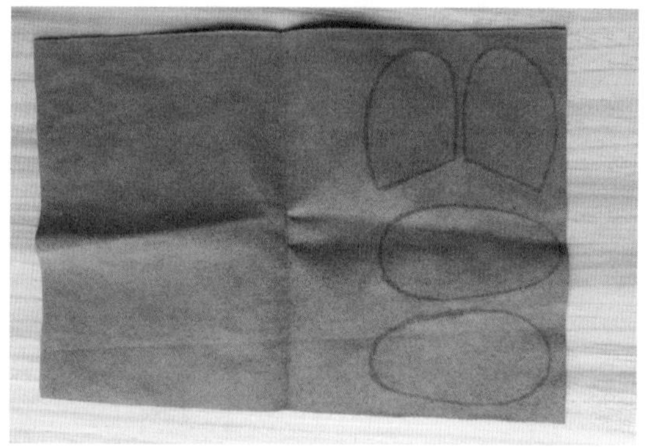

2 按纸样画好并裁剪棕色布料。

注意

根据纸样在布上做好标记。

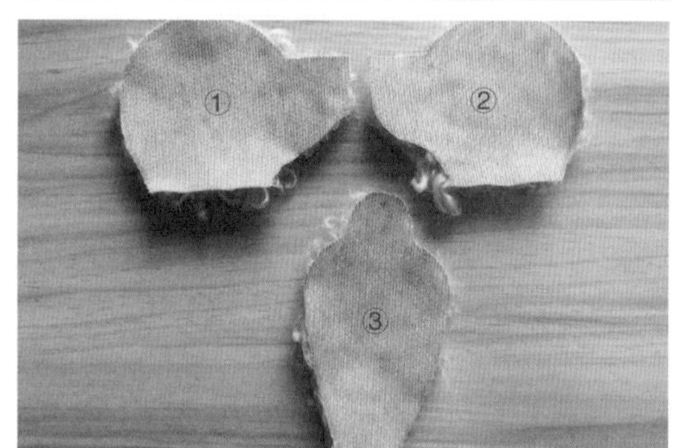

3 先取出制作头部的 3 片羊羔毛布料。

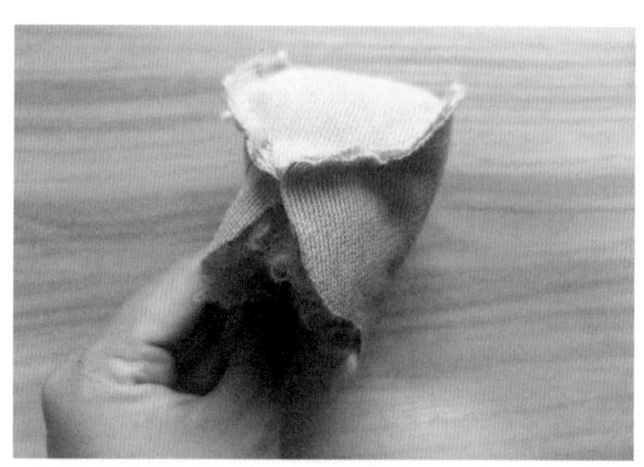

4 将①②其中一片与③缝合，对准接口后再缝合另外一片。将①②两片缝合，留返口（留在头的下方）。

5 翻回正面。

6 取出 4 片制作耳朵的布。按图示将两片布正面相对，缝合，留返口。

7 翻到正面，塞入棉花，缝合返口。

8 将两只耳朵缝在头部上方。

9 将头部鼻子处的毛剪掉。

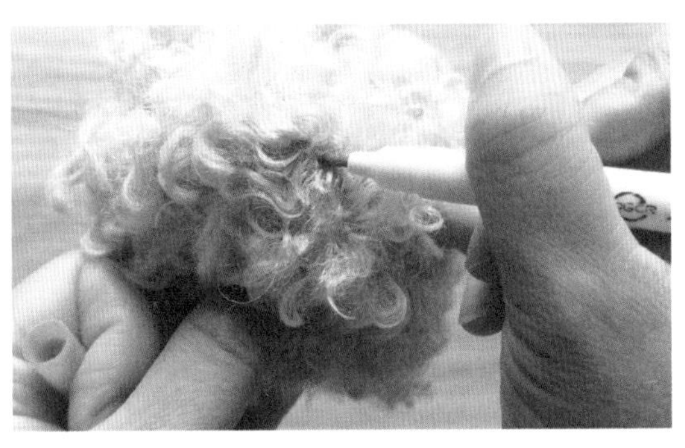

10 画出鼻子的形状。

11 使用粗线缝出鼻子。

12 确定眼睛的位置。

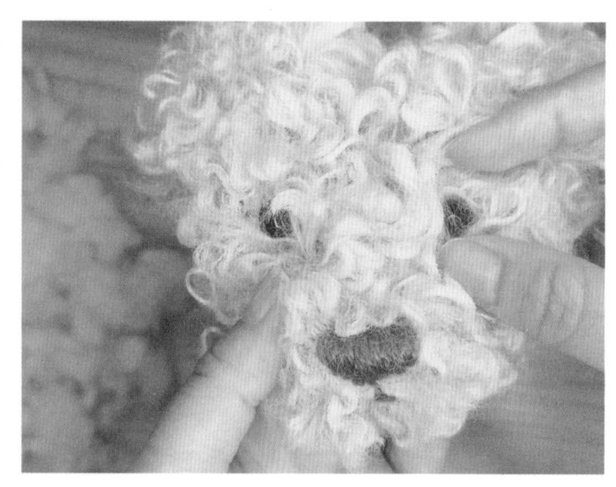

13 装好眼睛。

14 将头部塞入棉花。

15 准备好前腿布料。先将前脚掌布料与前腿内侧布料缝合。

16 再与前腿外侧布料缝合，留返口，翻到正面。

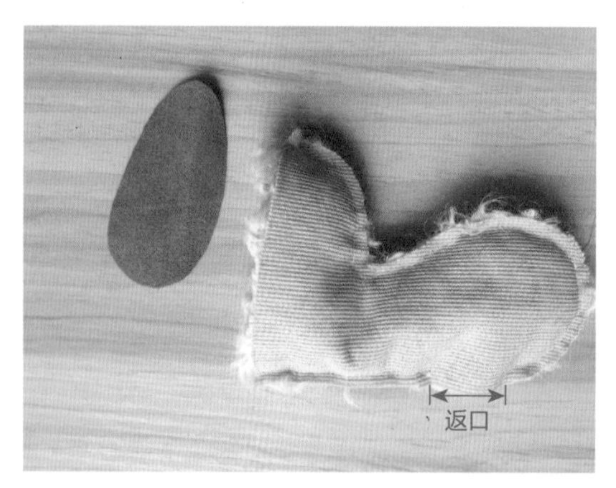

17 准备好后腿布料。先缝合后腿内侧布料与外侧布料，留返口。

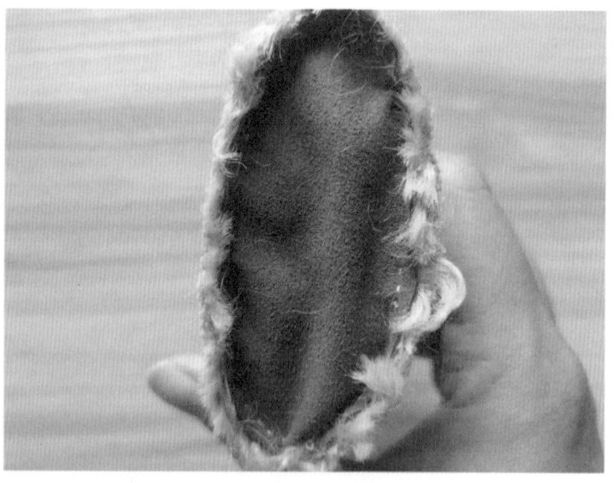

18 缝合脚掌部分，翻回正面。

19 准备身体部分的布料。分别缝合两片布的上下两处（图中箭头所指处）。

20 将两片布正面相对，缝合，留返口。

21 在身体上标注好四肢的缝合位置。

22 缝上四肢（也可使用关节配件固定），塞入棉花。

23 缝合所有返口。

24 缝合头部与身体，还可以系上丝带。

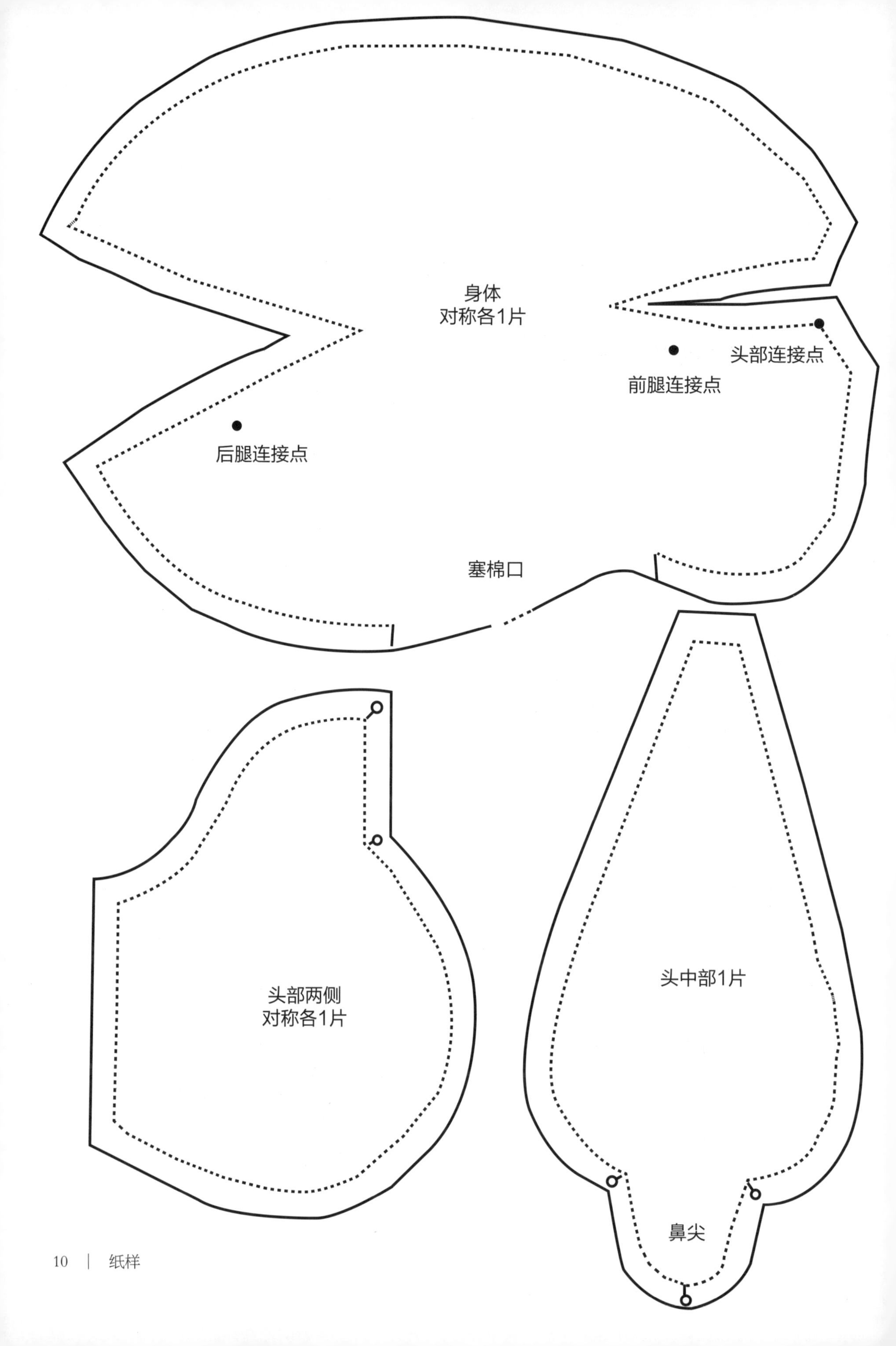
身体
对称各1片
头部连接点
前腿连接点
后腿连接点
塞棉口
头部两侧
对称各1片
头中部1片
鼻尖

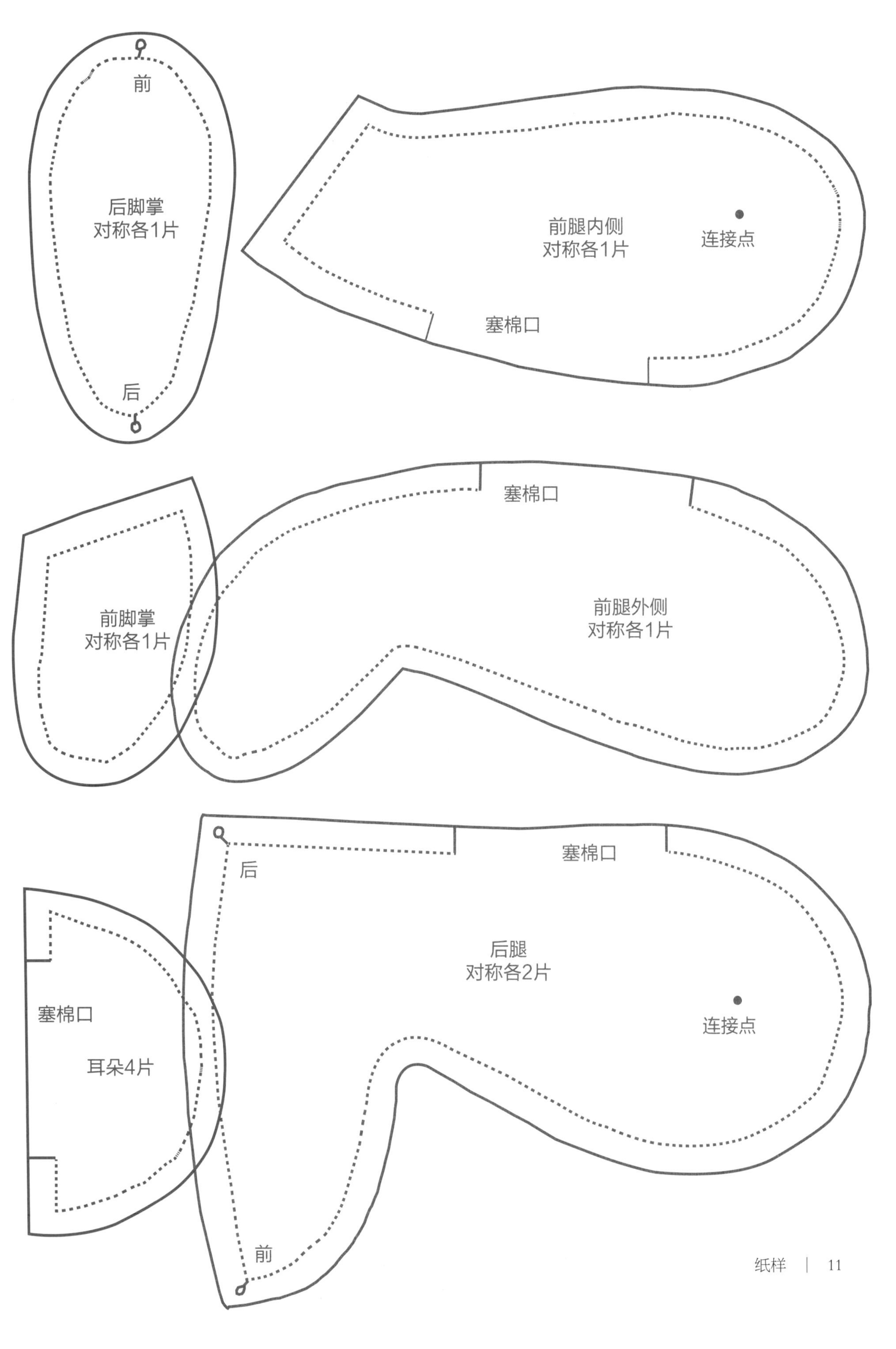
前
后脚掌
对称各1片
后
前腿内侧
对称各1片
连接点
塞棉口
塞棉口
前脚掌
对称各1片
前腿外侧
对称各1片
塞棉口
后
后腿
对称各2片
连接点
塞棉口
耳朵4片
前

送朋友——一起带饭吧

你们有没有上班带饭的习惯？是不是偶尔会嫌弃带饭的饭盒袋并不那么合自己的“口味”？

我有两个很合拍的同事，可乐女孩和桃子小姐。她们喜欢分享新鲜的事物，喜欢赠送礼物和与喜欢的人拥有同款的东西，如同款的流沙手机壳、同款的五月天 T 恤……最近，可乐女孩兴致勃勃地给办公室中的每个人送了同色系的饭盒，决心燃起办公室带饭风潮。我们凡事都喜欢讲固定搭配，色味俱佳的食物搭配午休时脱缰野马般的心情。既然如此，有了饭盒怎么可以少个盒饭袋来让人在上班路上一路好心情呢？那么，我们就来制作一个方便轻巧的饭盒袋吧！

摄影：沈丽

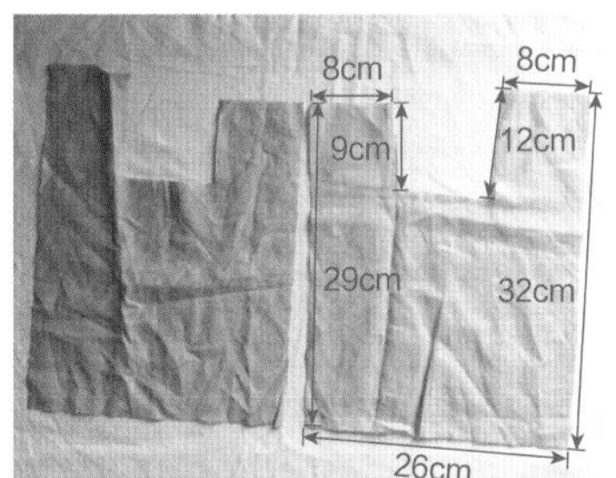

材料

裁好的表布 2 片，里布 2 片

碎碎念

可以根据自己的饭盒改变尺寸哦！也可以平时当手拎包使用。

步骤

1 表布和里布分别正面相对，沿图中虚线缝合，里布底边留返口。

2 将表袋翻至正面。

3 将表袋塞入里袋中。分别缝合前后部分的虚线处。

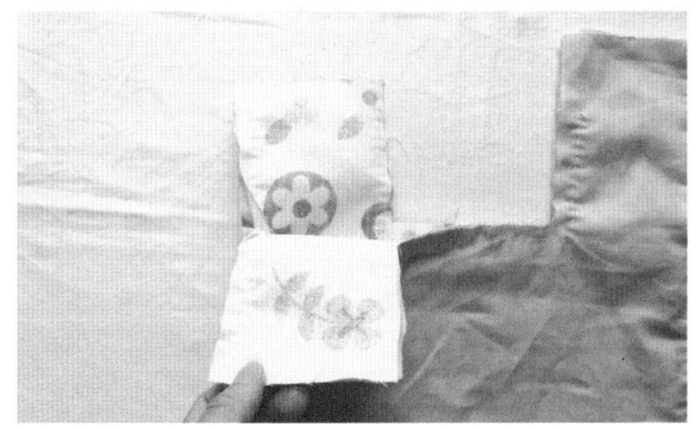

4 缝合后如图所示。

5 从里布返口处翻至正面。

加宽袋底的方法

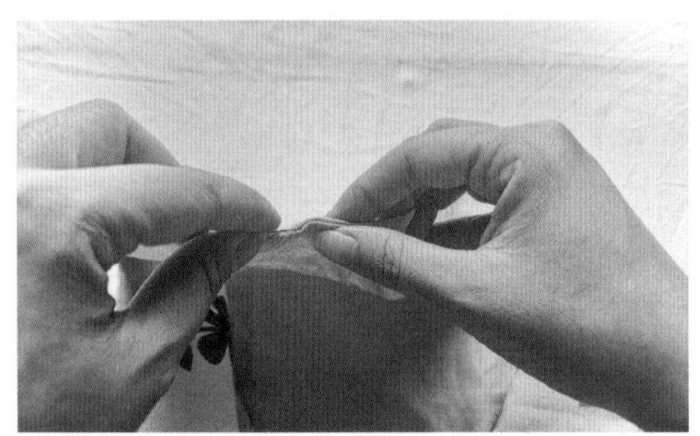

6 缝合返口。

7 整理。

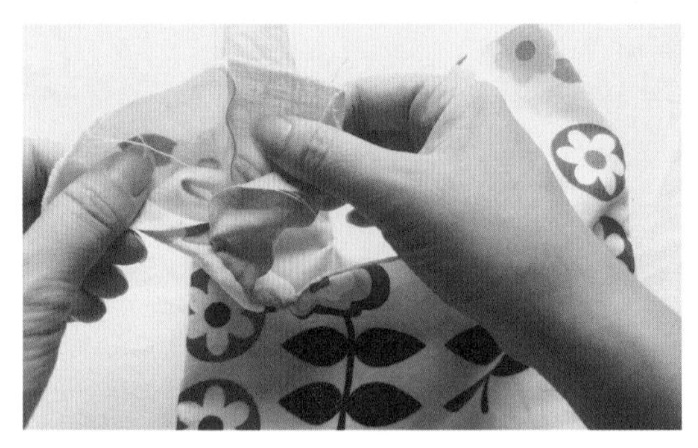

8 如图所示，打开提手处。

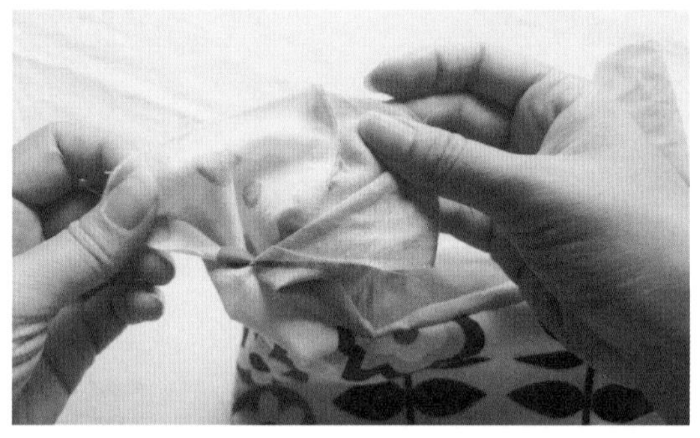

9 使前后提手部分的表布（里布）正面相对，对准边缘。

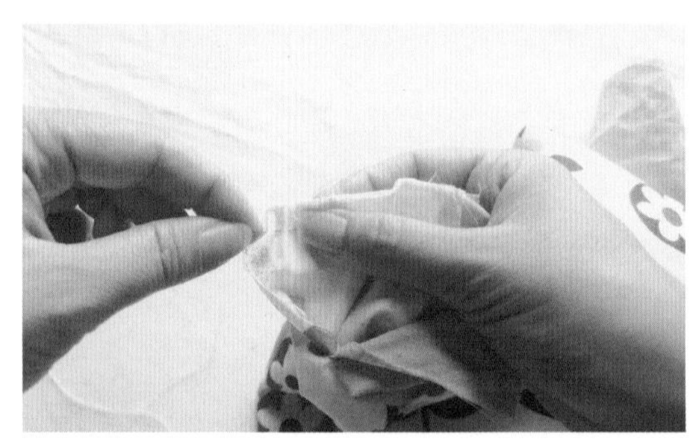

10 缝合。

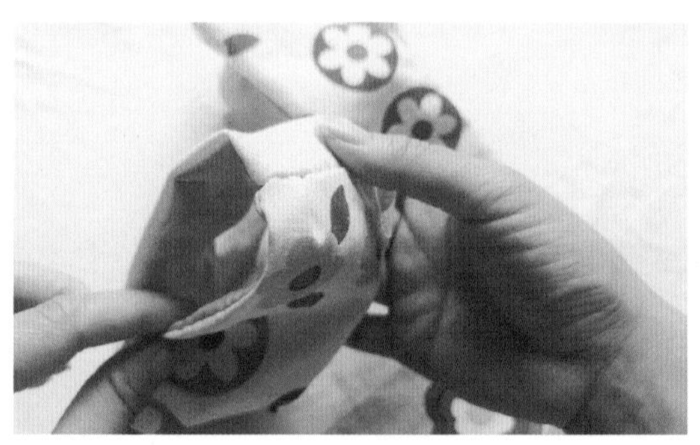

11 翻回正面。

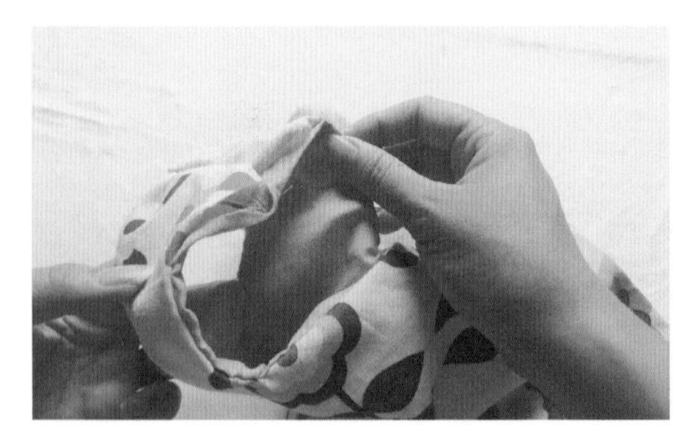

12 用藏针缝方法缝合。两个提手的缝合方法相同。

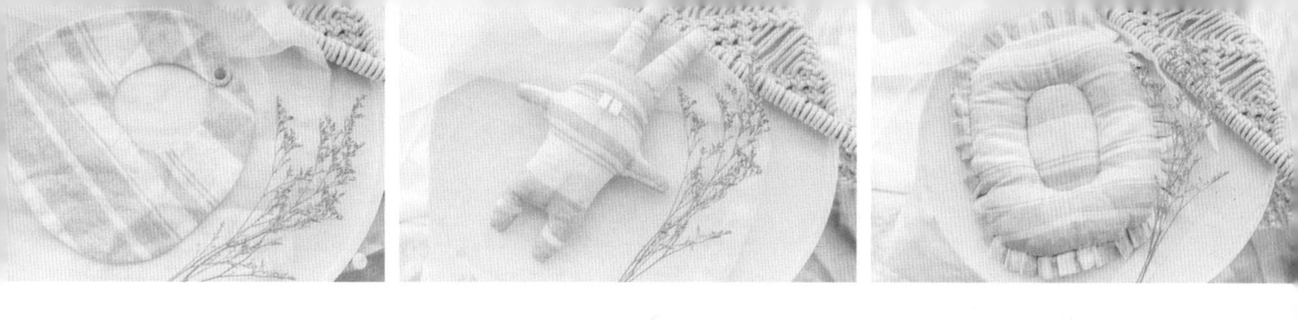

满月礼盒

作为一个从业多年的儿童教育工作者，孩子对于我来说就是柔软的存在。他们纯净、可爱，当然也有变成“恶魔”的时刻，哈哈！我的家族，算得上人丁兴旺，我的侄子、侄女、外甥、外甥女……可以说十个手指头都数不清。每一个孩子降生时，我都想用自己独特的方式来迎接小天使的到来。我又一个小外甥出生的时候，我刚好在北方出差，我很遗憾没有陪伴姐姐度过人生中最值得回味的时刻，同时也遗憾没法及时到场祝贺这个小天使的来临。所以，那段时间我便一直在盘算着他满月的时候该送点什么好。后来便有了这个满月礼盒的想法，口水巾、安抚玩具、小枕头，都是初生儿非常需要的物品。自己挑选柔软舒适的布料，既放心又舒心，这会是一份不错的礼物。如果你也认同，不妨试一试，给你爱的小天使奉上一套满月礼盒。

摄影：沈丽

口水巾

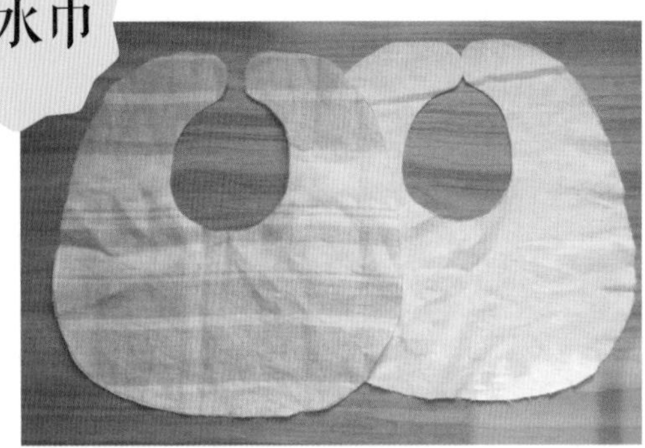

材料

根据纸样裁出的两片布料，
一组塑料四合扣

碎碎念

大小可以稍作调整，布料选择柔软舒适的棉布。

步骤

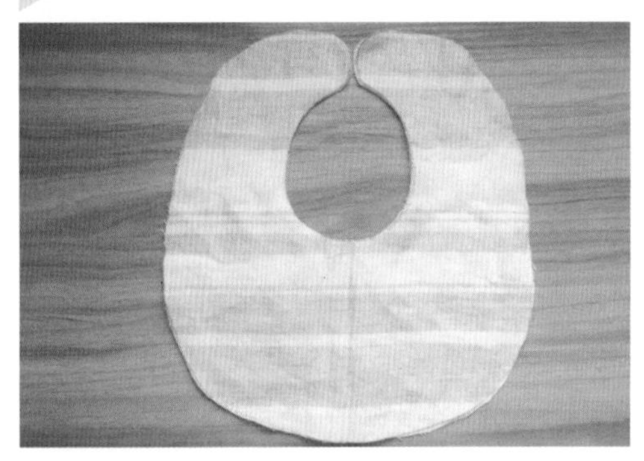

1 将两片裁好的布料正面相对叠放。

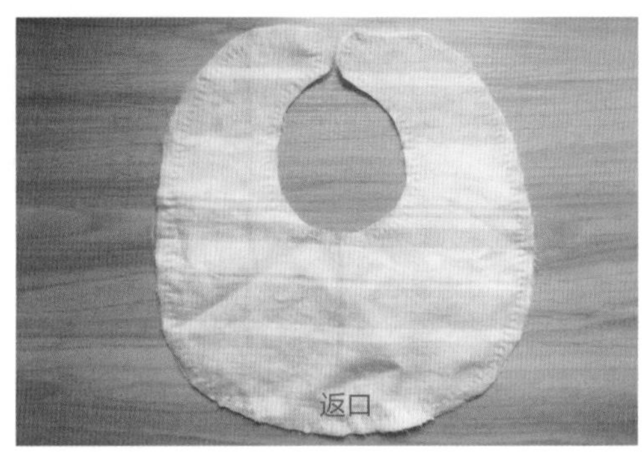

2 缝合，留返口。

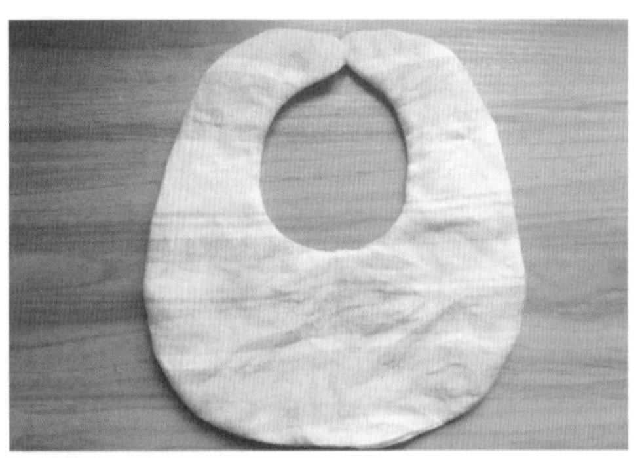

3 翻回正面。

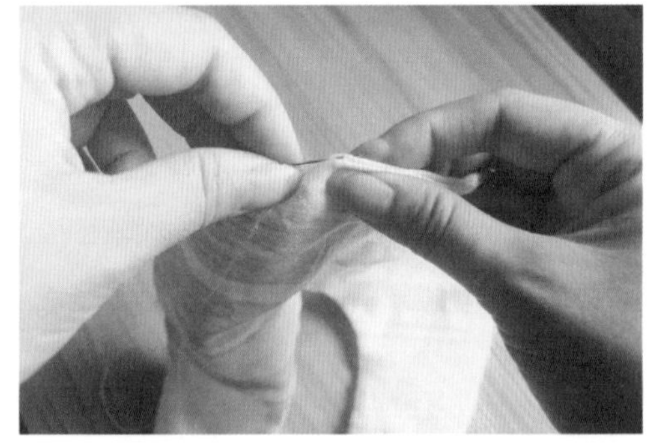

4 用藏针缝方法缝合返口。

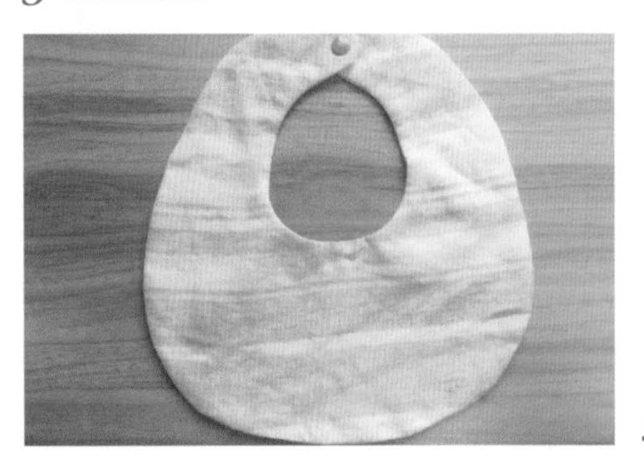

5 安装塑料四合扣，方法请见第 2 页。

兔子玩偶

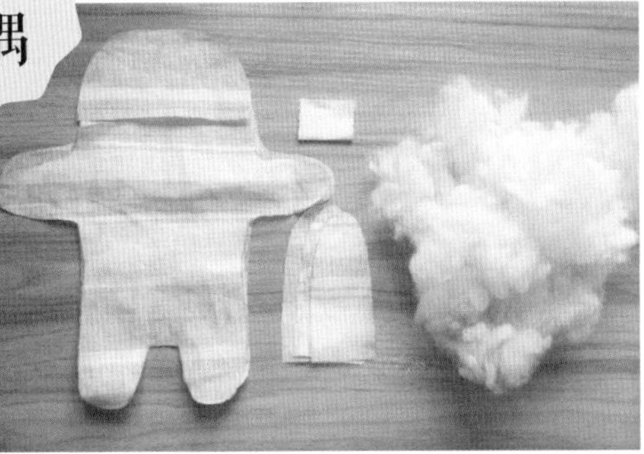

材料

按纸样剪出的布料，
适量棉花

碎碎念

这款玩偶简单易做，也可以调整纸样，做其他的玩偶，如小熊玩偶。

步骤

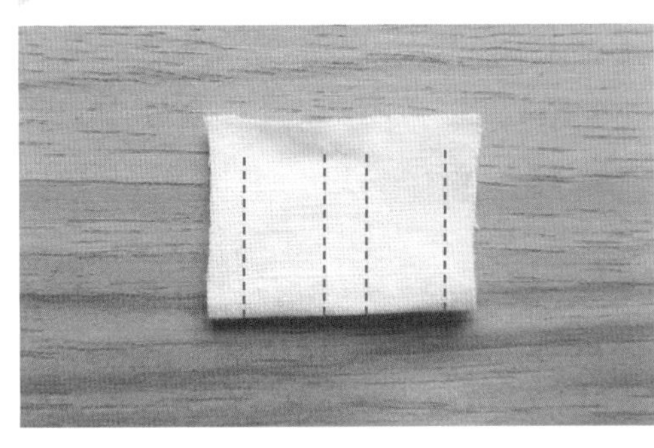

1 将牙齿的布料正面相对对折，按图示缝合。

2 从中间剪开。

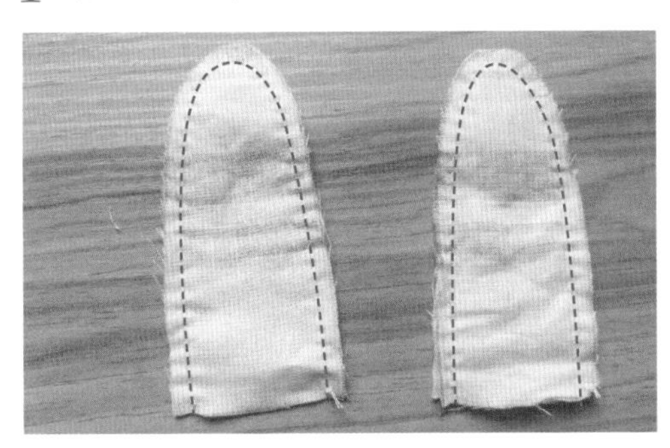

3 缝合兔子耳朵。

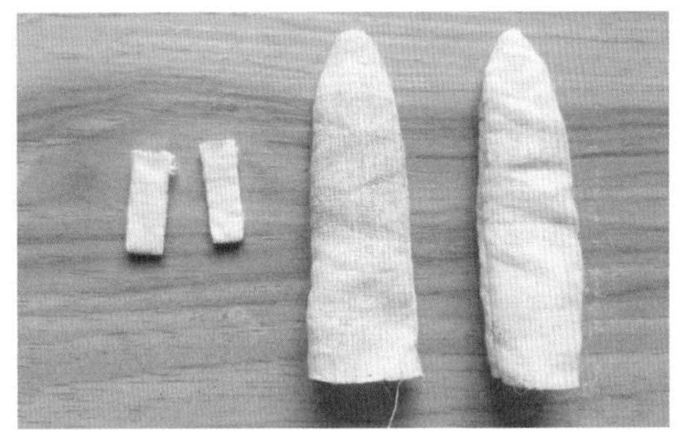

4 将牙齿和耳朵翻回正面。

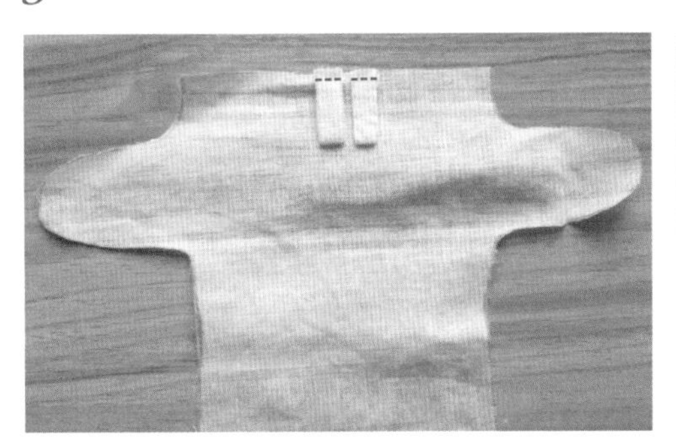

5 将牙齿放在身体的前片上固定。

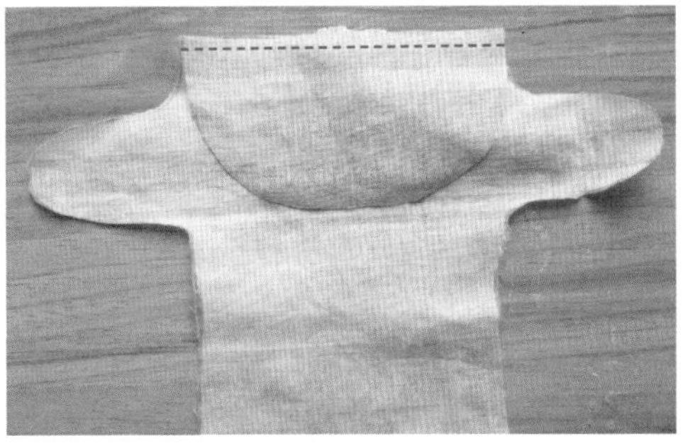

6 将头部放在身体上方，与之正面相对，缝合固定。

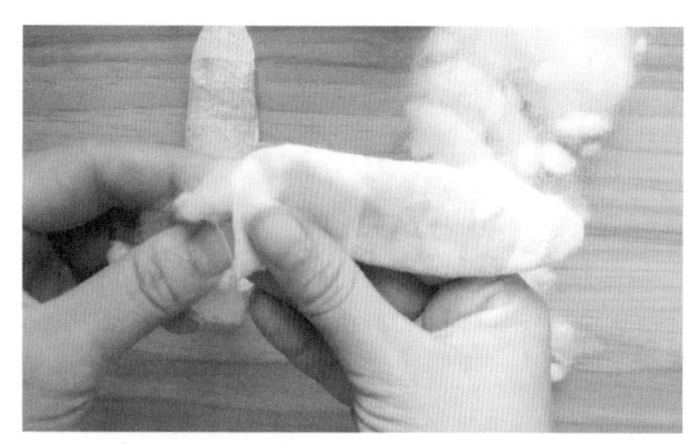

7 在耳朵里塞入棉花。

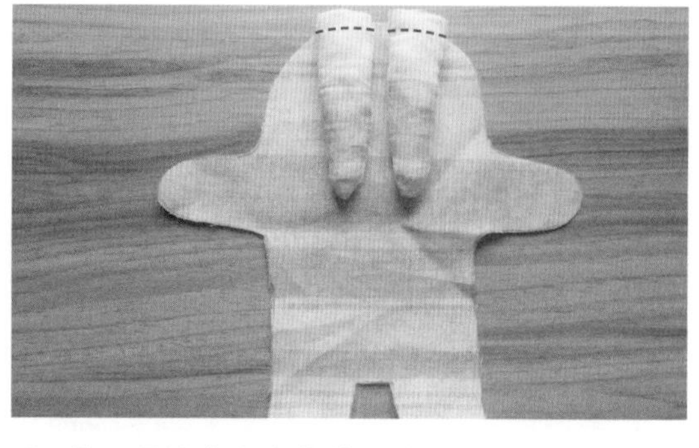

8 将耳朵缝合在身体的后片上。

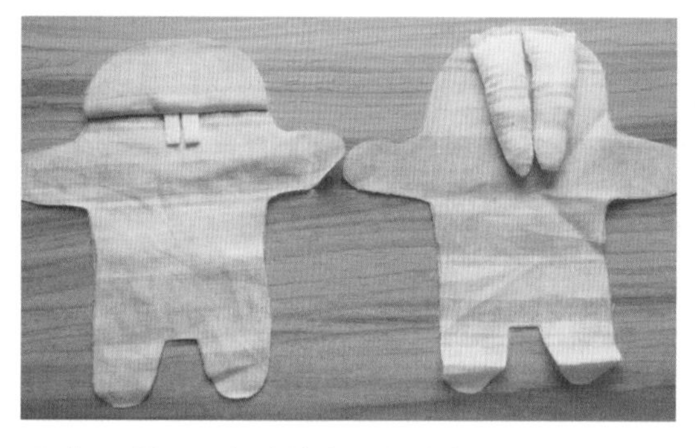

9 如图所示，完成前片和后片的缝制。

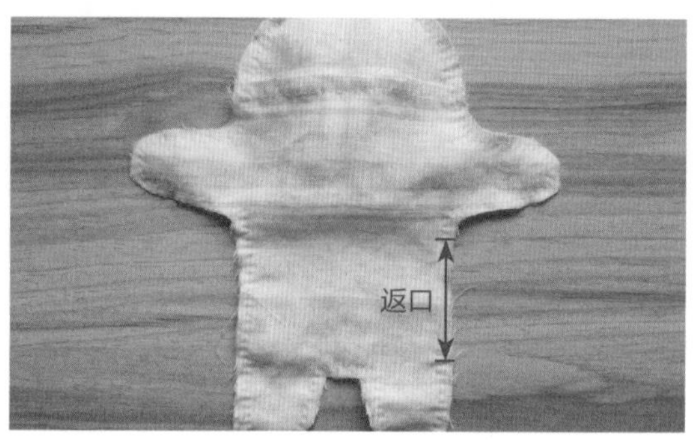

10 将前片和后片正面相对，缝合，留返口。

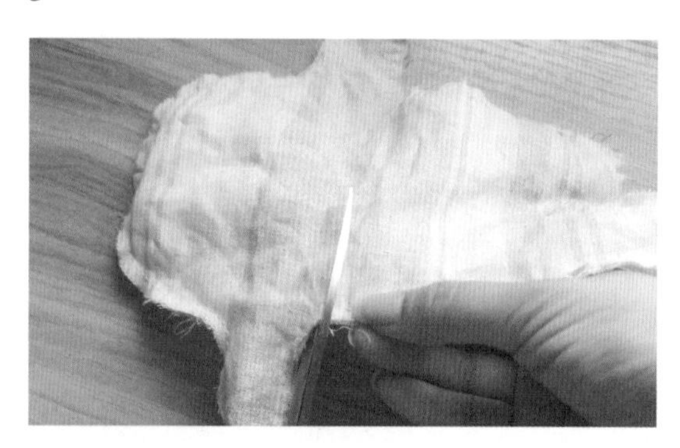

11 在转折较大的边缘剪牙口。

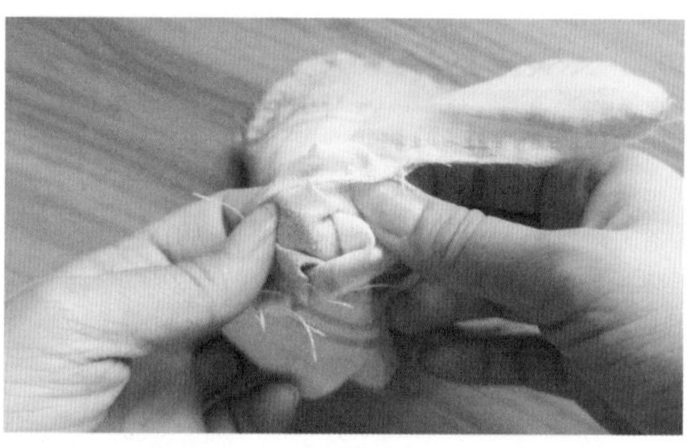

12 从返口处翻回正面。

13 塞入棉花。

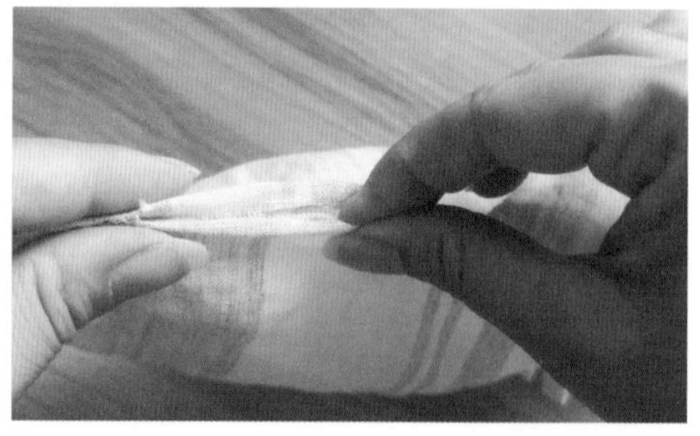

14 缝合返口，完成。

枕头

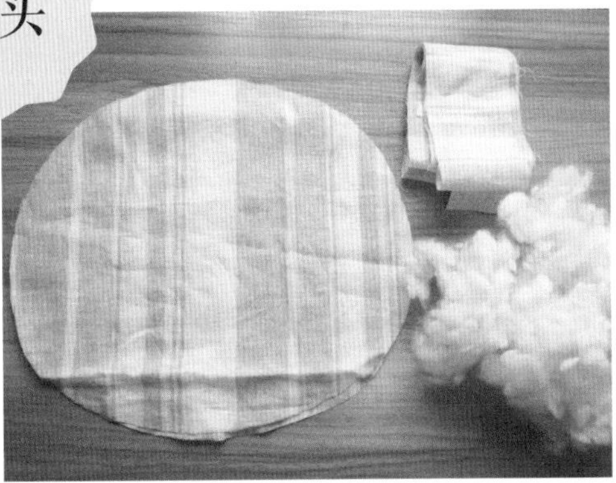

材料、工具

椭圆形布料 2 片（参考尺寸，最宽处为 25cm，最长处为 32cm），长布条（宽 6cm，长为枕头周长的两倍），棉花适量，直发板

碎碎念

枕头做成圆的或椭圆的都可以，以舒适为主；长布条在打褶时容易出现长度偏差，可以多预留一些，在缝合完之后剪掉即可。

步骤

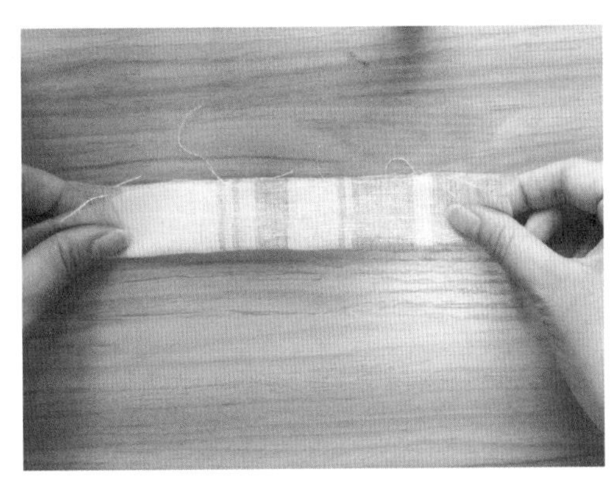

1 使长布条反面相对，沿长边方向对折。

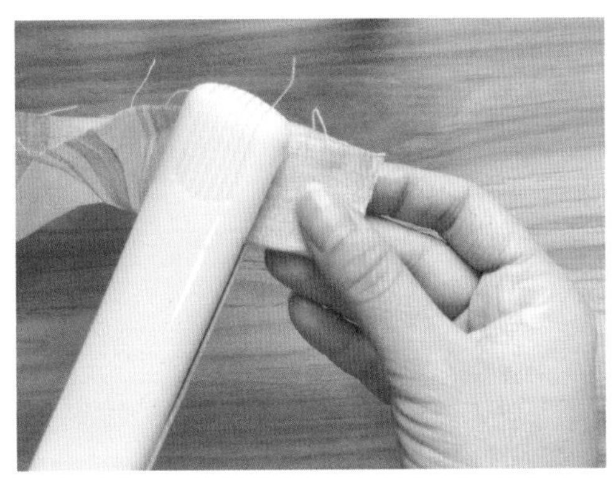

2 使用直发板熨烫平整。

3 将布条两端向内折边并缝合。

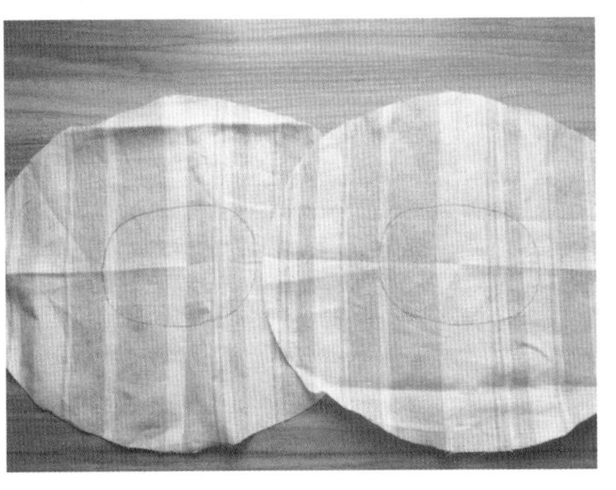

4 在前片和后片中间分别画椭圆形。

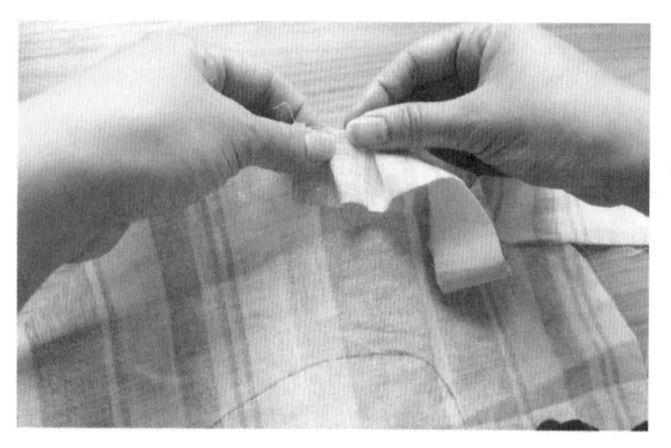

5 将处理好的长布条以打褶的方式缝在其中一片的边缘，形成花边。

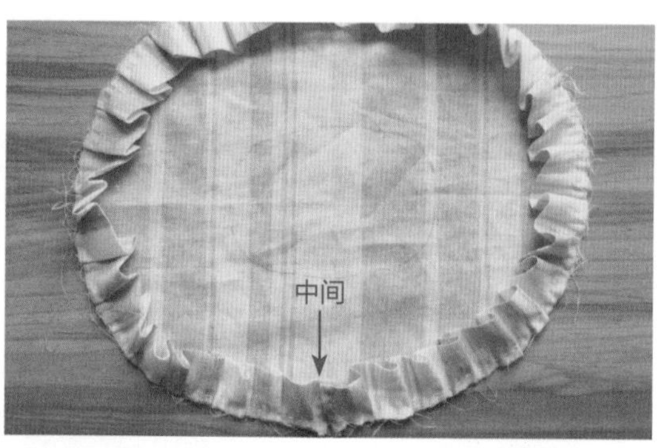

6 缝合后如图所示，花边的起点和终点相接之处在图中所示位置时，会比较好看。

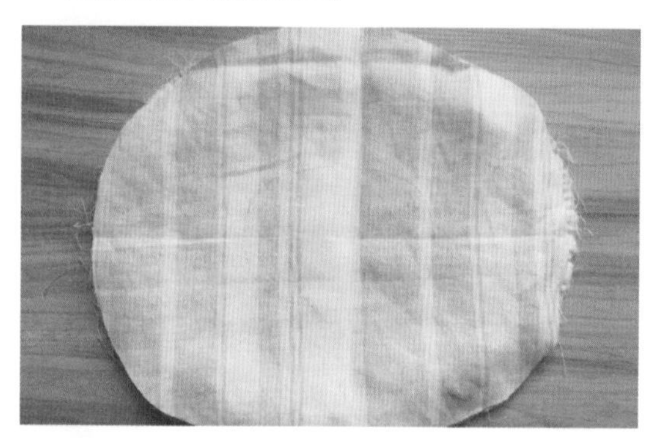

7 将另一片与之正面相对，缝合边缘，留返口。

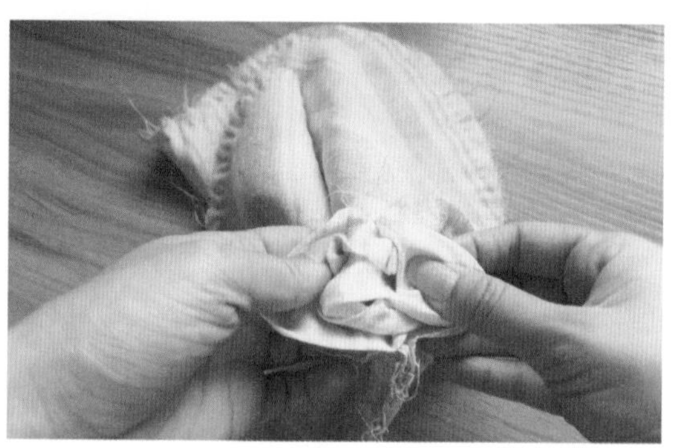

8 从返口处翻回正面。

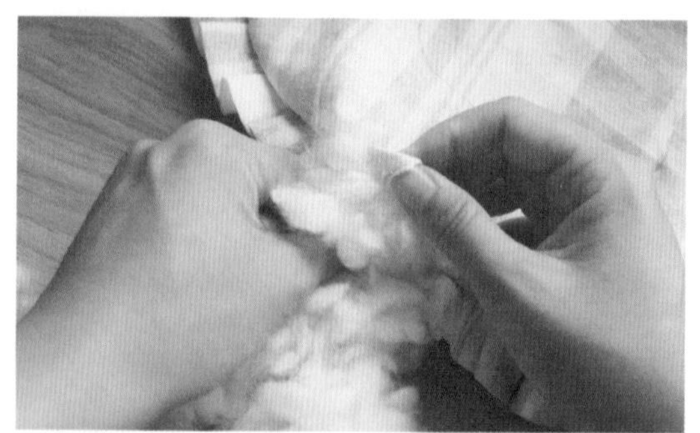

9 塞入棉花。

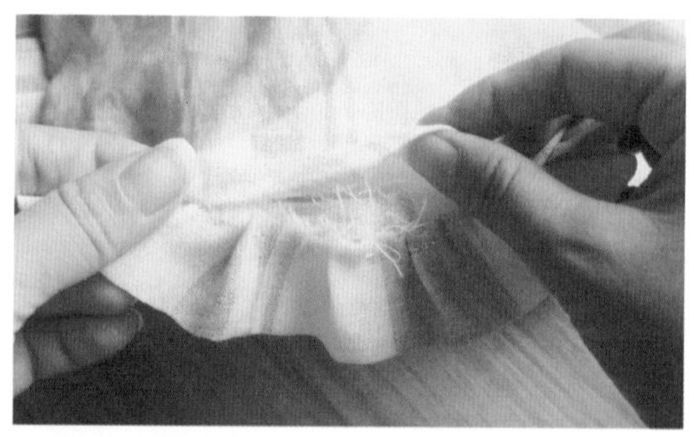

10 缝合返口。

注意

将线拉紧，形成凹陷。

11 在中间的小椭圆处，以回针缝方法缝合前后两片布。

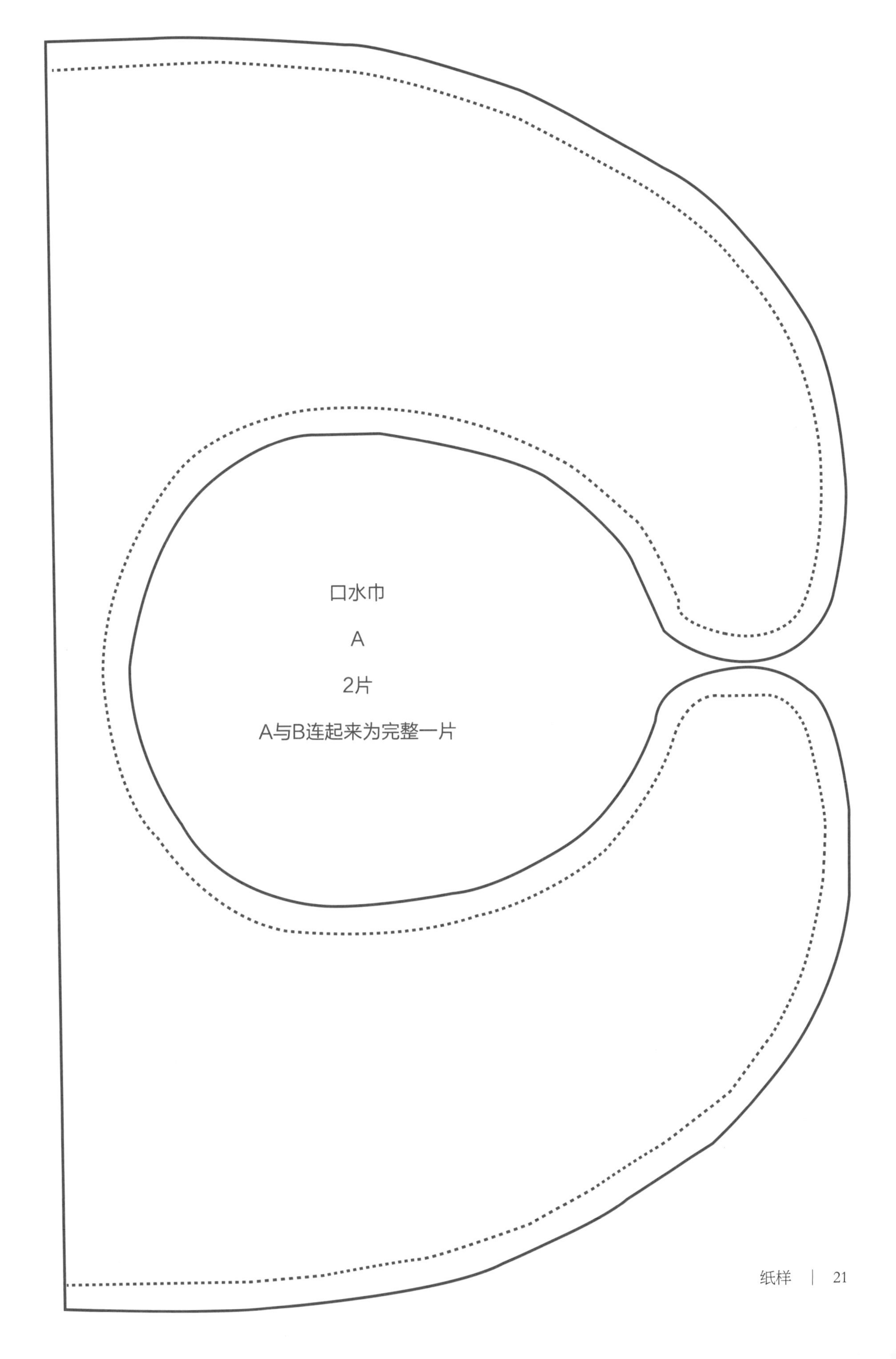
口水巾
A
2片
A与B连起来为完整一片

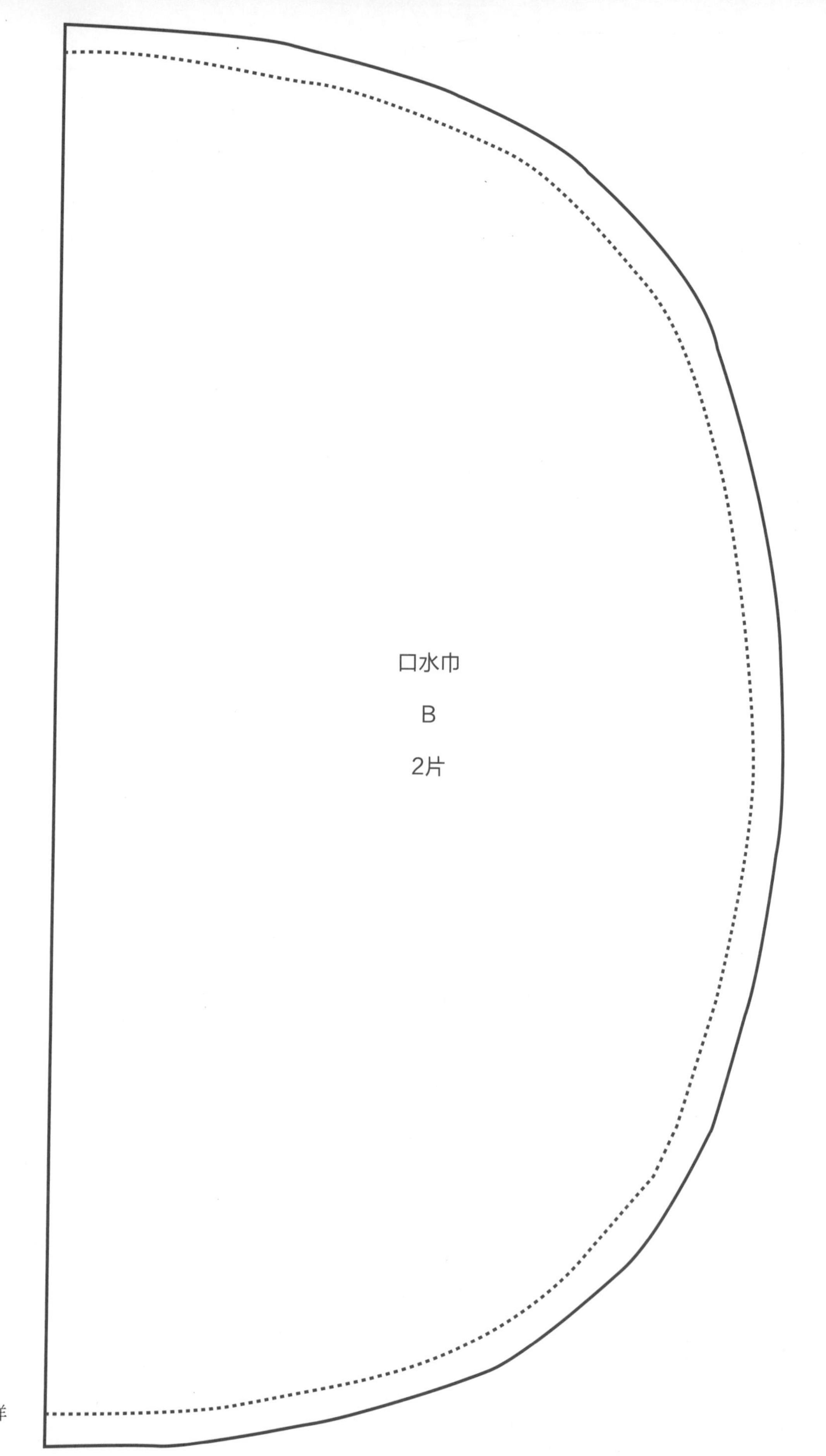
口水巾
B
2片

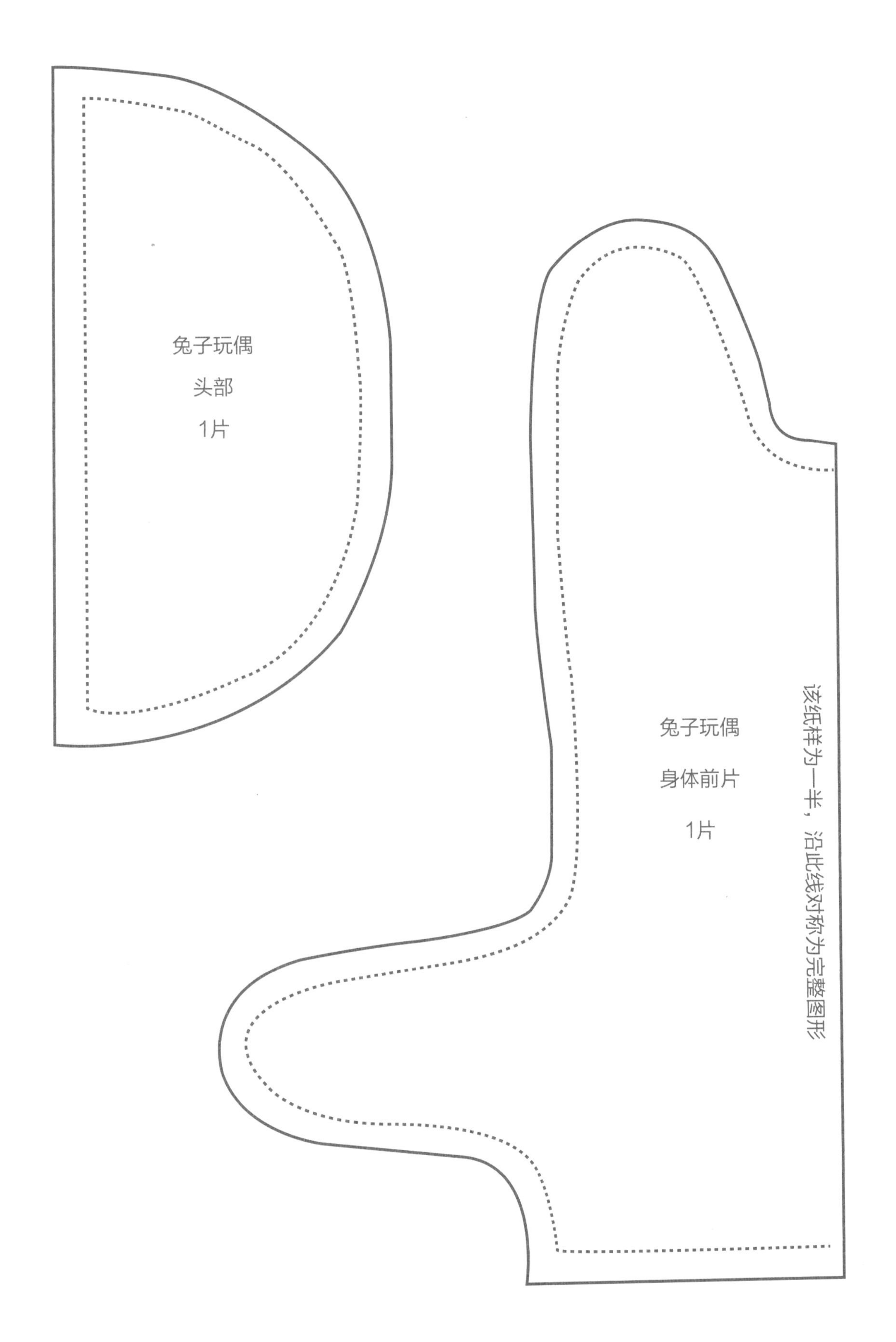
兔子玩偶
头部
1片
兔子玩偶
身体前片
1片
该纸样为一半，沿此线对称为完整图形

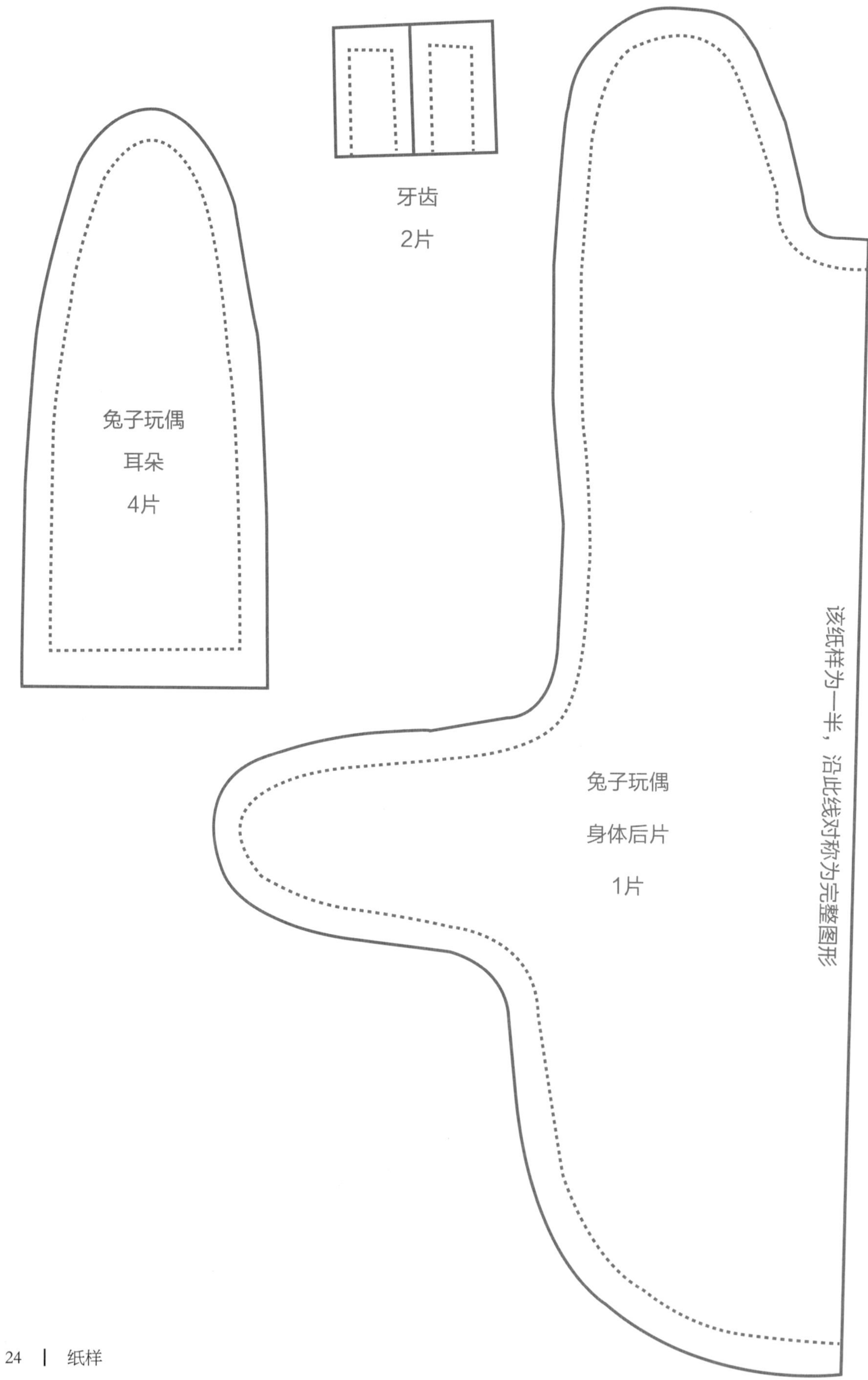
牙齿
2片
兔子玩偶
耳朵
4片
兔子玩偶
身体后片
1片
该纸样为一半，沿此线对称为完整图形

第二篇 玩线球

我家乡的那条河旁边，有一间毛线店，小时候每天上学和放学时我都会经过那里。店内五颜六色的毛线，和店主阿姨手里几根魔术棒似的毛线针总能成功地吸引我。店内用各种针法织成的围巾，不同样式的毛衣成品，让那时候的店主阿姨成了我最崇拜的人。而我也一直有一个非常执着的念头：给自己织一件毛衣。这个念头持续了很久，伴随我整个学生时代。那时候，我经常徘徊在毛线店里看那些花花绿绿的毛线，也曾磨着大人教我织毛衣。然而，这么强烈的学习愿望，却从未达成，也一直没能学会这项技能，顶多自己织一织围巾。对我来说，这一直是个遗憾。而现在，我也早已过了那个与几个女同学围在一起织围巾的年纪。但是，虽然没有学会织毛衣，我却仍然觉得毛线是一个很好玩的东西。织不成毛衣，那么我们就用毛线来做点别的东西吧！

珊瑚绒软垫

这是一个需要花费时间静下来制作，会非常有成就感的手作。早上起床，睁开迷糊的双眼，脚踩在垫子上面，软绵绵的，像踩在云朵上一样舒服，这感觉可不是购买的垫子能比的哦！你也可以把它铺在阳台，坐在上面看看书，做做手工，惬意无比，舒适极了！虽然制作它花费的时间比较久，但是我告诉你们一个好方法：周末，在桌子上支部手机看着电视剧的同时，手上做着一个个毛球，你会感觉自己一天都过得特别充实呢！

摄影：沈丽

材料、工具

珊瑚绒毛线，网格布，制毛球器

制毛球器的使用方法

碎碎念

垫子的大小取决于你的需求，你可以做一个小坐垫，也可以做一块地毯；毛线也可以换成其他种类的。

步骤

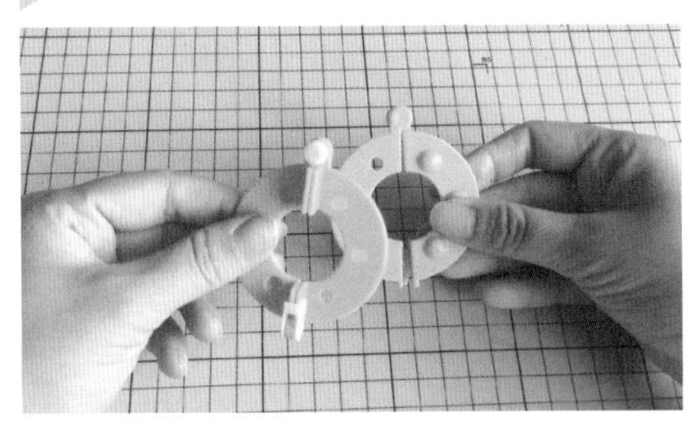

1 将制毛球器的两片部件重叠在一起。

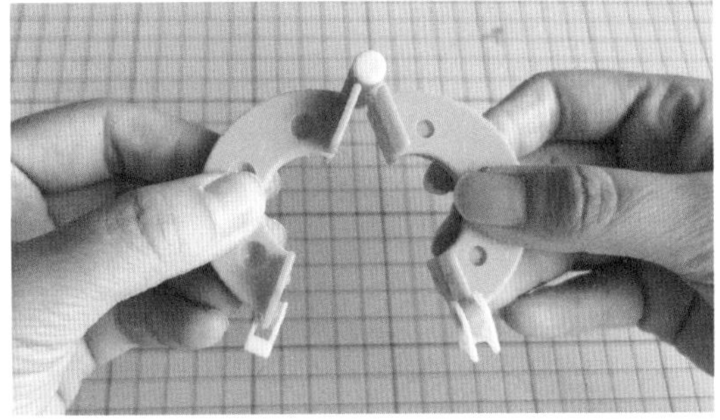

2 打开。

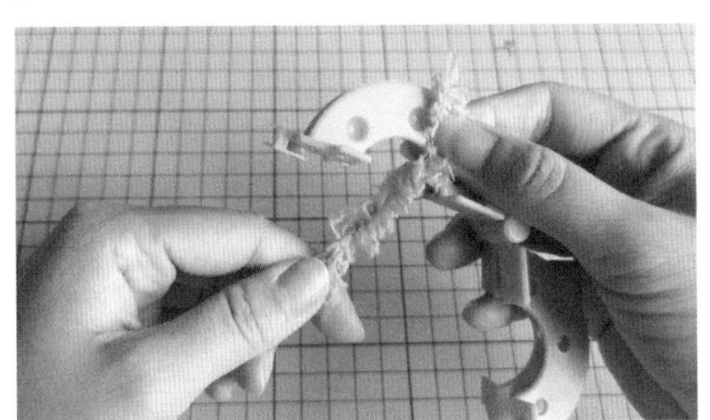

3 从一侧开始卷毛线。

4 大约卷满两层。

5 剪断。

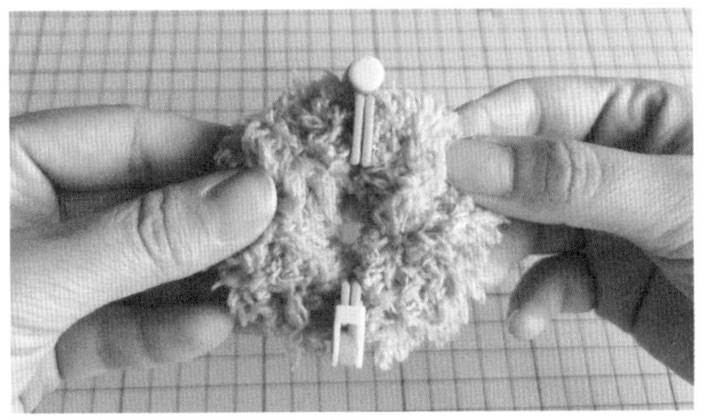

6 卷好另外一边，将制毛球器合起来。

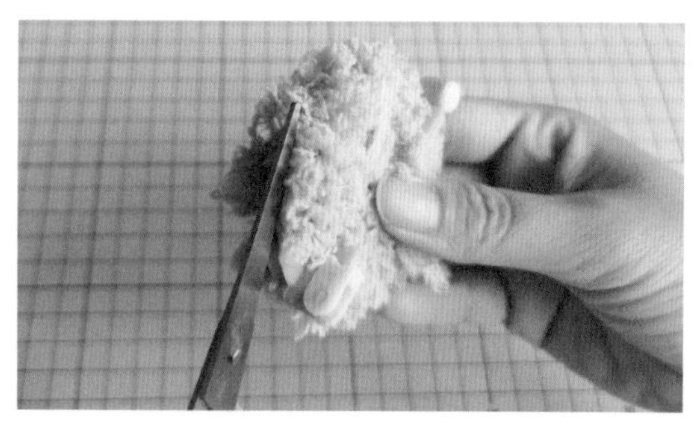

7 从侧面将毛线剪开。

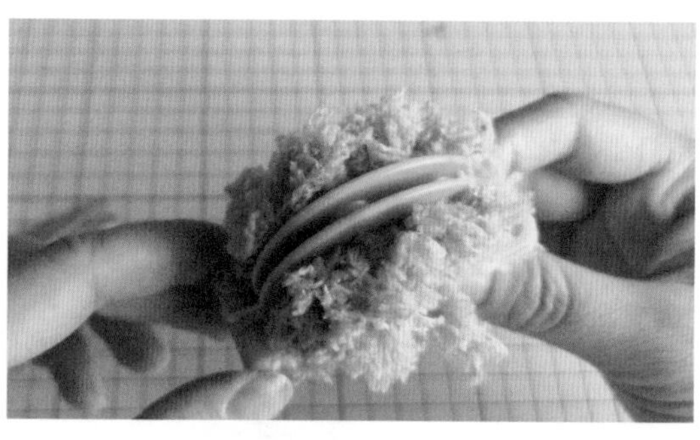

8 另一侧同样剪开。

9 使用另一根毛线按图示从一侧绕向另一侧（毛线夹在制毛球器的两片部件之间）。

10 打结，要将结打紧，使线勒至中心位置。

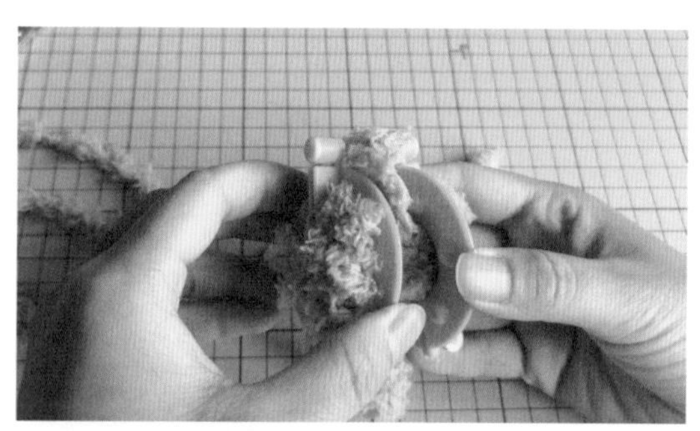

11 取出制毛球器。

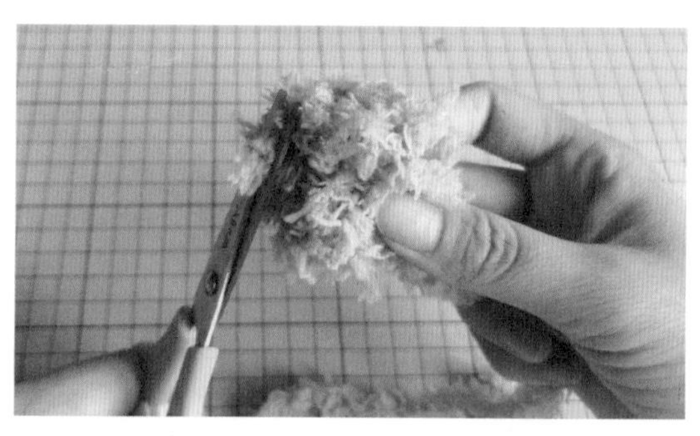

12 修剪毛线球。

13 制作若干毛线球。

14 将毛线球逐个绑在网格布上。绑的时候注意留出适当间隙。

吃水果吗——麻绳果盘

一直都很喜欢用麻绳来做各式各样的手作，用它做出来的东西真的挺有感觉。
麻绳的用处非常大，不同粗细和质地的麻绳都可以用在手工制作上，
往往会有意想不到的效果。

摄影：沈丽

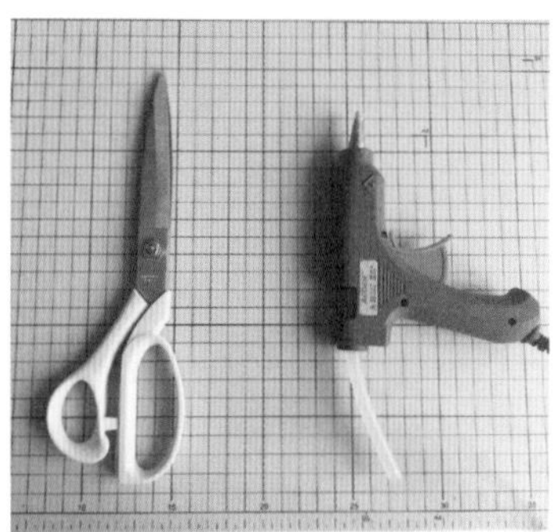

材料、工具

直径为 8mm 的麻绳 10m，剪刀，热熔胶，热熔胶枪

碎碎念

不同大小的盘子所需的麻绳长度不一样，还可以做成或深或浅的作品。

步骤

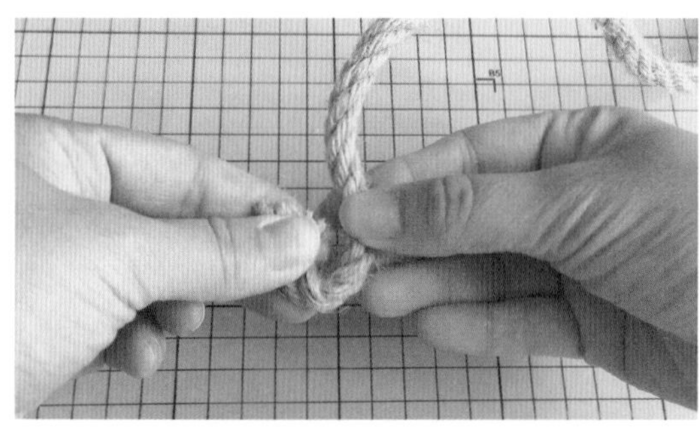

1 将绳头捏紧往内卷。

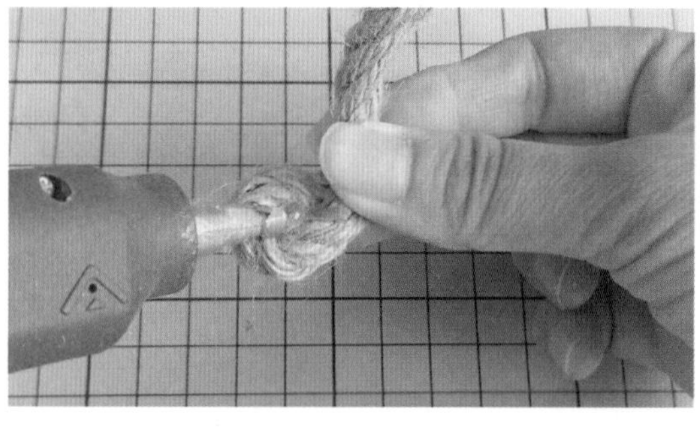

2 使用热熔胶固定住开端。

3 再往内卷两圈。

4 在底部用热熔胶固定。

5 开始在侧边涂上少量热熔胶。

6 将麻绳快速往内卷，避免热熔胶干了。

7 重复上胶和卷绳的操作，卷至合适的大小。

8 开始在边缘的上方涂热熔胶。

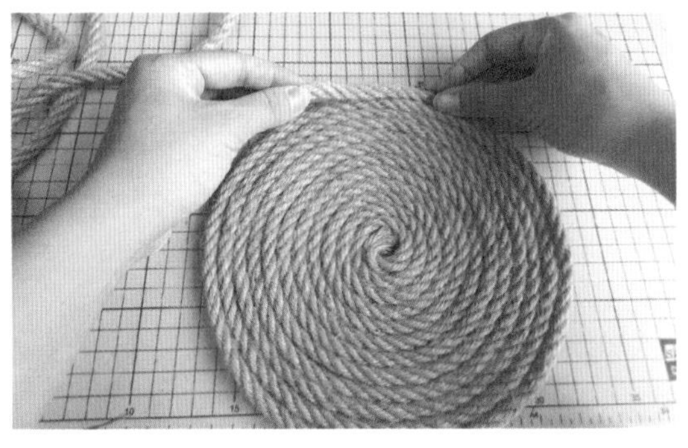

9 向上卷绳。

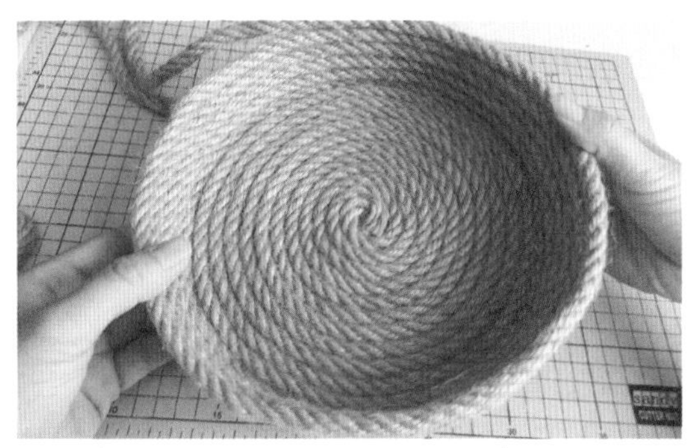

10 卷至合适的高度。

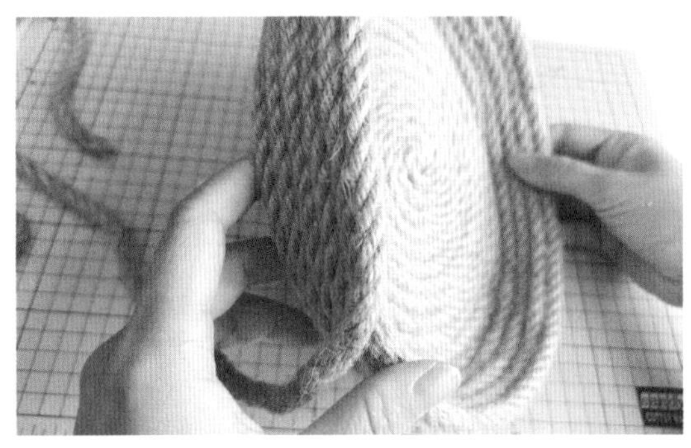

11 用来当水果盘的话，此高度即可。

12 剪去多余部分。

13 收尾。将绳尾往下折一点儿，用热熔胶固定。

第三篇

爸爸的衬衫

小时候，我有一项重大的任务，就是帮我爸洗衬衫。那个时候我真的十分郁闷，其他衣服都可以扔洗衣机里洗，偏偏衬衫不可以，我爸的衬衫还那么多。刷衬衫领子和袖口成了我每天的必修课。打开衣柜，看到一排的衬衫，我就仿佛看到它们在向我招手，真的是印象深刻。衬衫真的是每位男士都有好几件或者十几二十件，爸爸的、哥哥的、男朋友的，不信你可以打开衣柜看一看。而往往整件衬衫看着还是新的，领子跟袖口却很旧了，这个时候可能就是这件衬衫“退休”的时候了。以前在家里，我爸闲置的衬衫比我的衣服还多，用我妈的话讲：T 恤不穿了还能当抹布，这衬衫都不吸水，放着干吗用呢？后来我发现，有用！真的有用！！我来用实践告诉你衬衫改造的可能性真不是一般的大，所以，赶紧打开家里的衣柜瞧一瞧有没有不打算再穿的衬衫吧。

一般衬衫只有领子磨损了一些，完全影响不了改造它。
想想把爸爸的衬衫改成小女儿的裙子，
是不是瞬间有了最萌身高差、穿上父女装的感觉？
爸爸的衬衫刚刚好可以做一条儿童裙子，
随便一改就非常好看了！
穿着父女装去逛街，可是非常吸引目光呢！

摄影：沈丽

材料、工具

一件衬衫，松紧绳，花边，
水消笔，尺，珠针

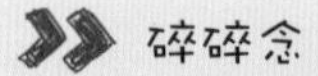 碎碎念

除了衬衫，当然还可以准备一些小装饰，
如一些小花边、可爱的扣子等。

步骤

1 将衬衫平铺，使用水消笔在两腋下位置间画直线。

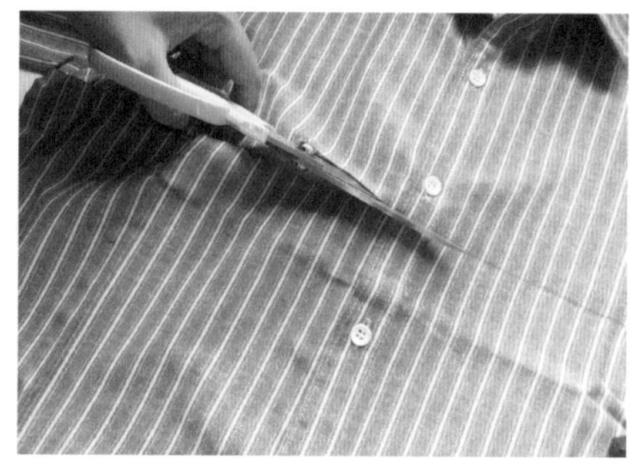

2 剪下。

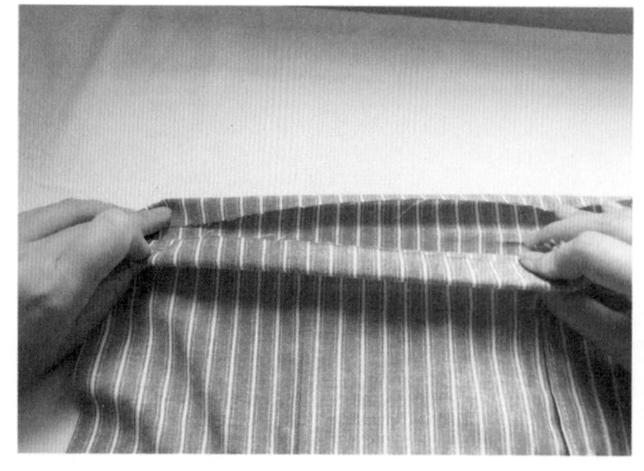

3 将剪下的位置往内折两折。

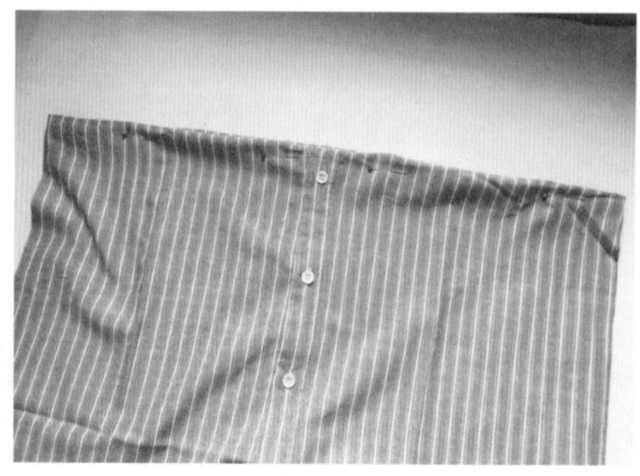

4 用珠针固定好。

5 缝合一圈。

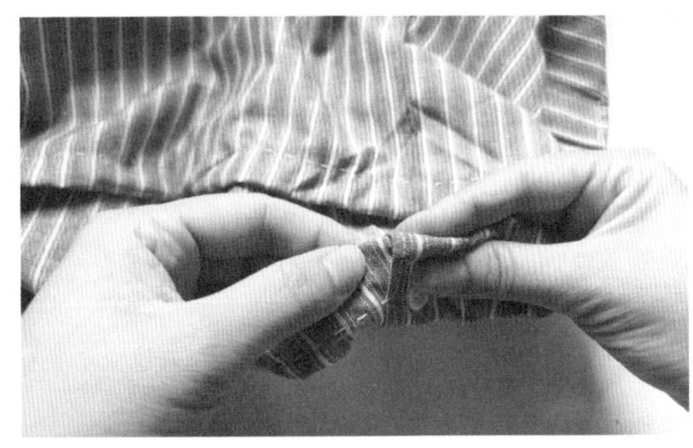

6 留中间衬衫门襟相接处不缝。

7 将松紧绳从门襟相接处穿入，可借助发夹穿绳。

8 将松紧绳拉至合适的松紧度，打结，剪去多余部分。

9 缝上一圈花边做装饰。

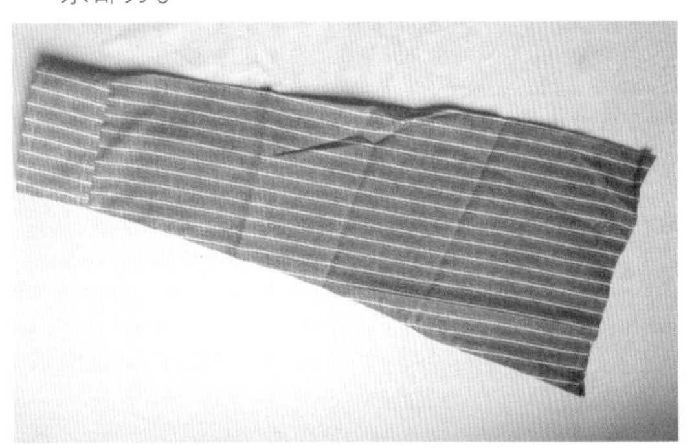

10 剪掉袖子。

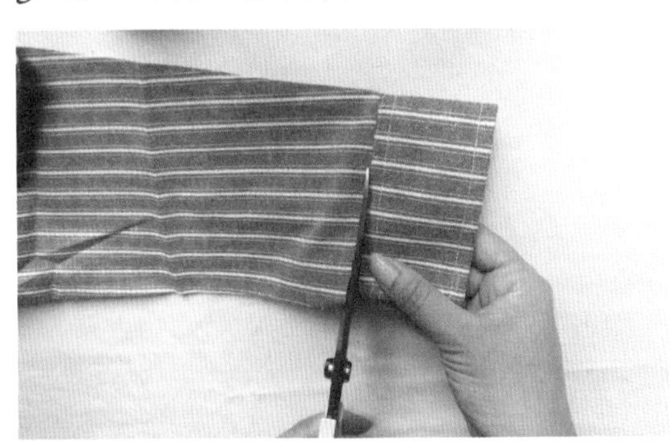

11 将袖口剪去。

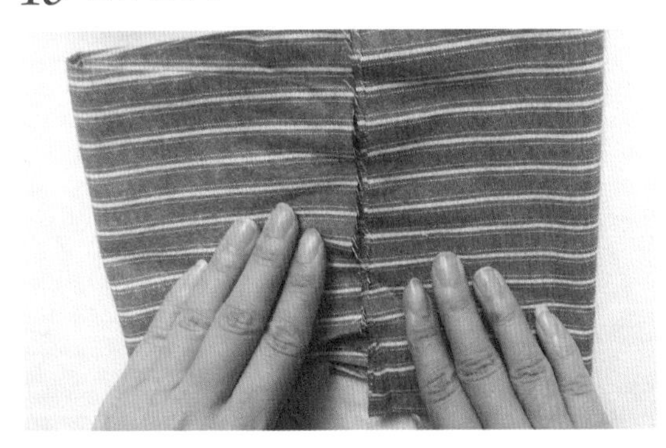

12 将两端往内折。

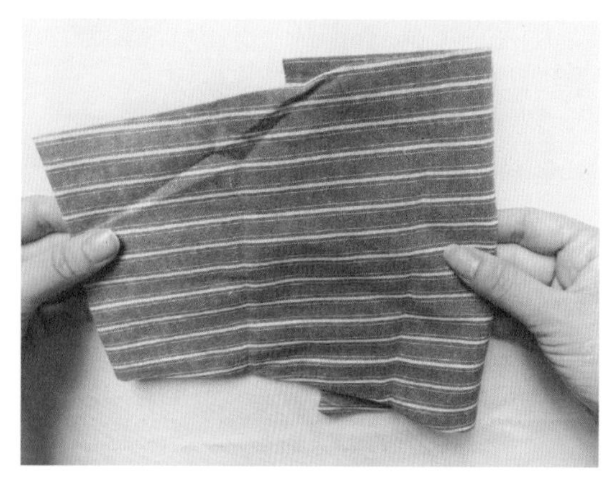

13 翻至另一面。

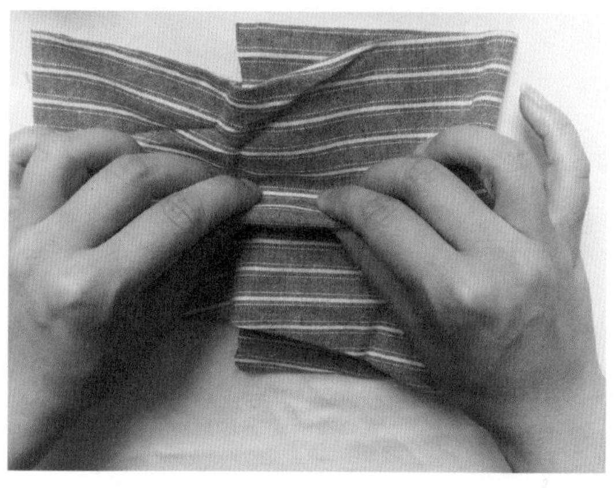

14 将中间捏起。

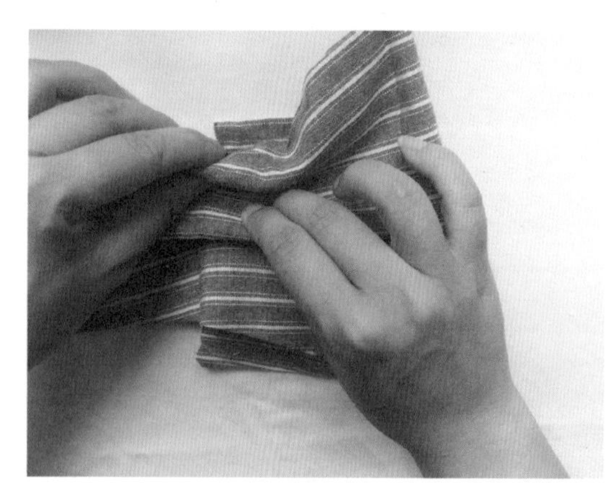

15 上下也分别捏起一个褶。

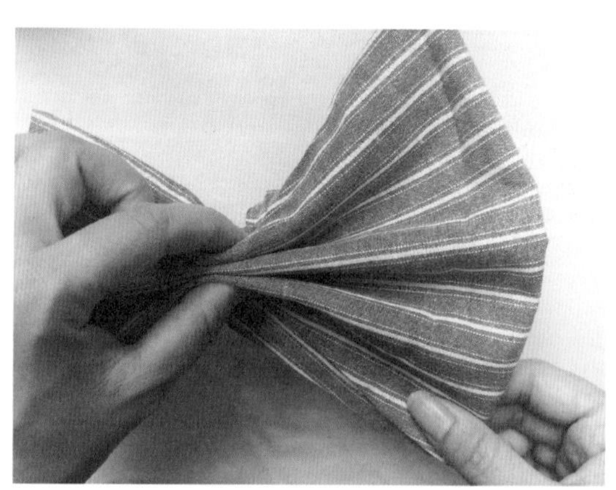

16 将捏起的三道褶捏紧，稍作整理。

17 使用针线将中间缝住。

18 取袖口，包住中间，将多余部分剪掉。

折绳带

19 使用针线缝合，蝴蝶结就做好了。

20 将蝴蝶结缝于裙子中间。

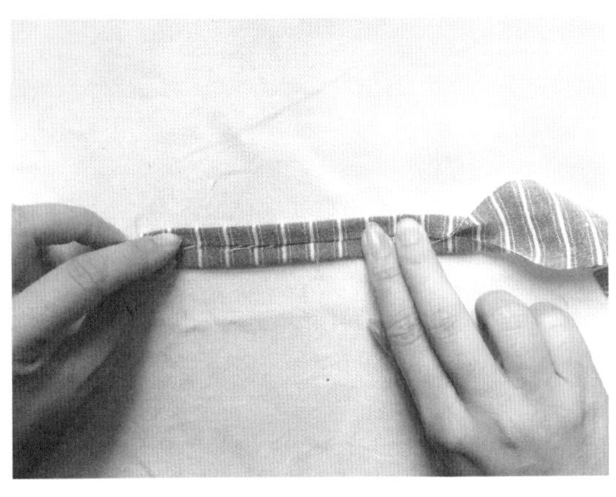

21 剪下 2 条约 4cm×25cm 的布条，将两长边往中间折。

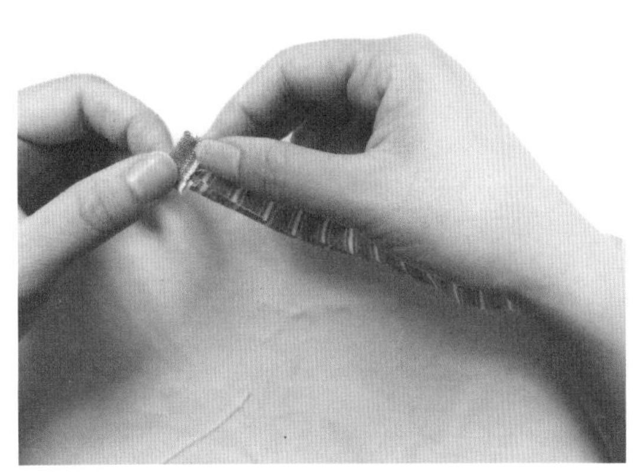

22 将布条两端同样往内折边。

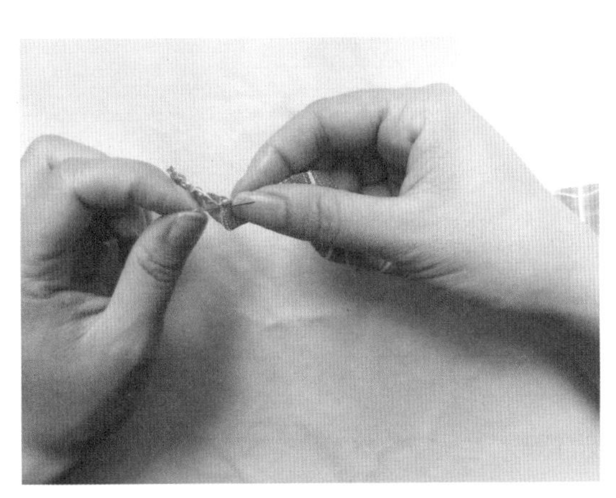

23 沿长边方向对折，缝合。

24 将缝合完的带子固定在裙子上，做背带。完成。

蝴蝶结发夹

我觉得，妈妈跟女儿戴同款发饰真的是非常赞的一件事！

衬衫的边角布料，如袖子，用来做发饰，妥妥的！无论是发夹、发圈还是发带，

做起来都非常简单，可以跟小朋友一起制作呢！改变一下大小就可以做出母女款了，

爸爸穿上同款衬衫，简直完美！

摄影：沈丽

材料、工具

衬衫布（18cm × 12cm、4cm × 3cm，各一片），布艺双面胶，直发板

碎碎念

布的大小可以根据自己的需求裁剪。不只是衬衫，其他好看的布料也可以用来做成不同的蝴蝶结哦。另外，布艺双面胶其实也可以用普通的黏性强的双面胶代替，只不过做好的成品质地会硬一些。

步骤

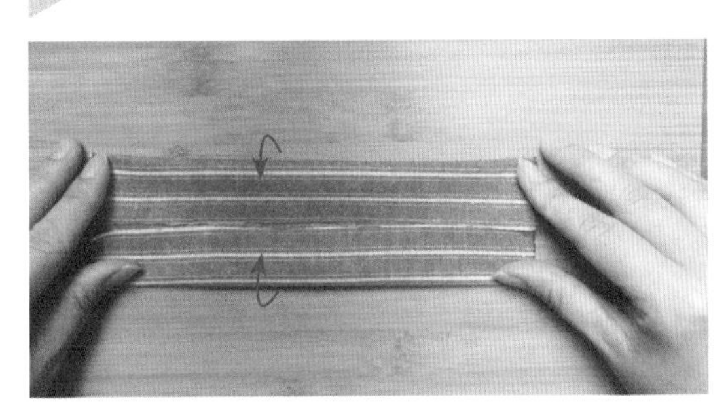

1 将两边往中线折，折出折痕。

2 打开，将布艺双面胶放在中间，可放两条，宽一些。

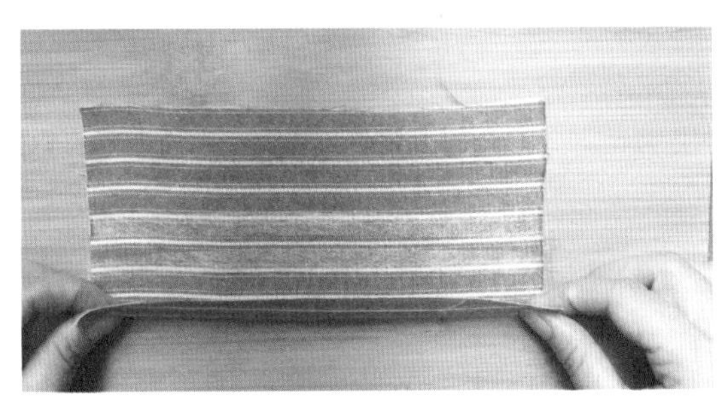

3 重复第 1 步。

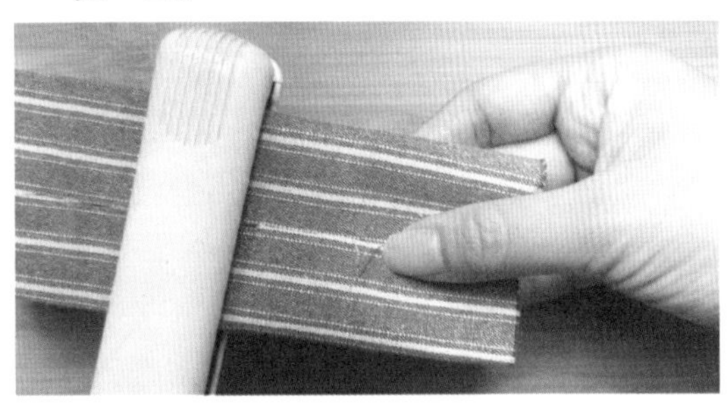

4 使用直发板加热固定。

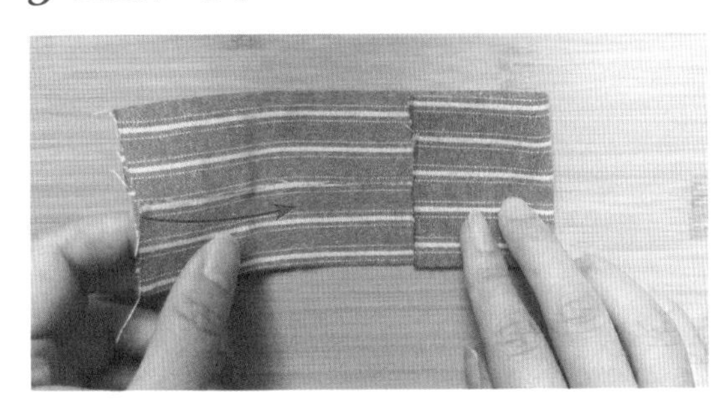

5 将两端往中间折。

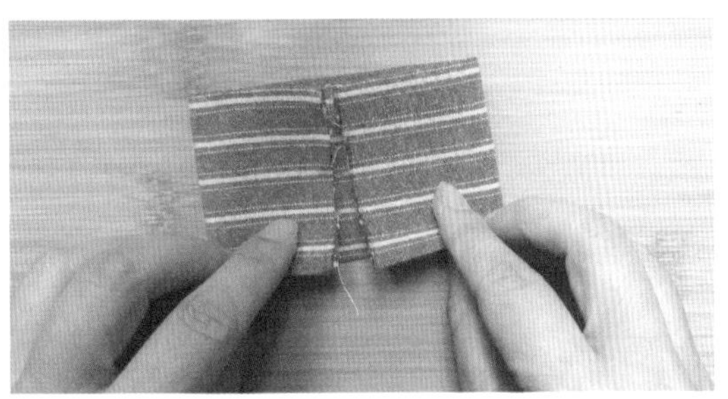

6 同样在中间放布艺双面胶，将两边折入，粘牢。

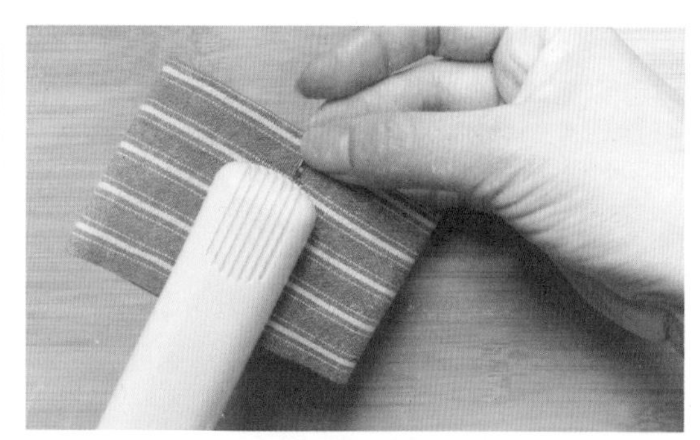

7 使用直发板加热固定。

8 取小片的布料。

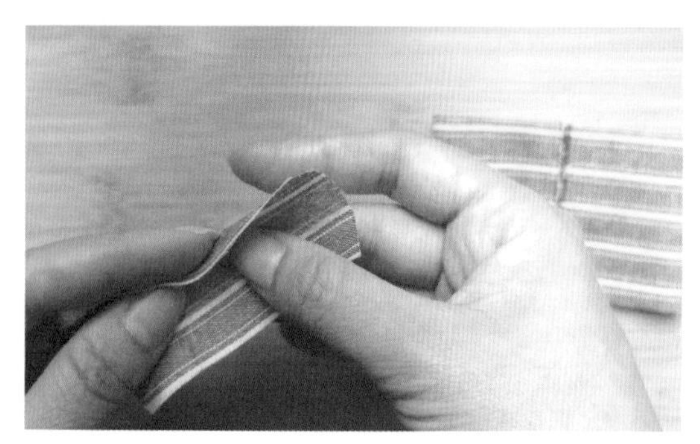

9 将两长边往中间折。

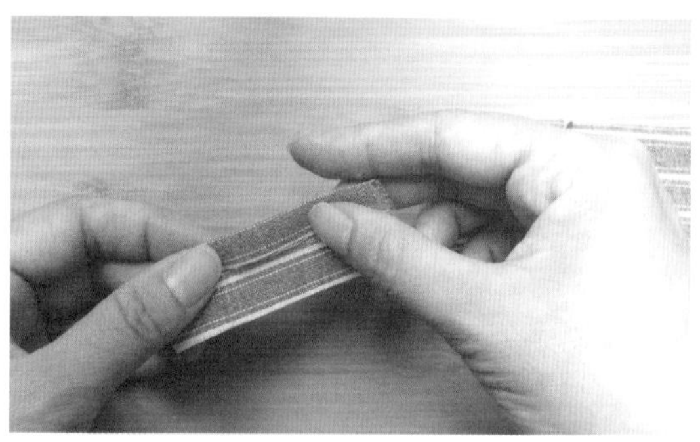

10 折好后，同样使用布艺双面胶固定。

11 将大布片中线处往内折，两边向外折，并抓住中间固定住。

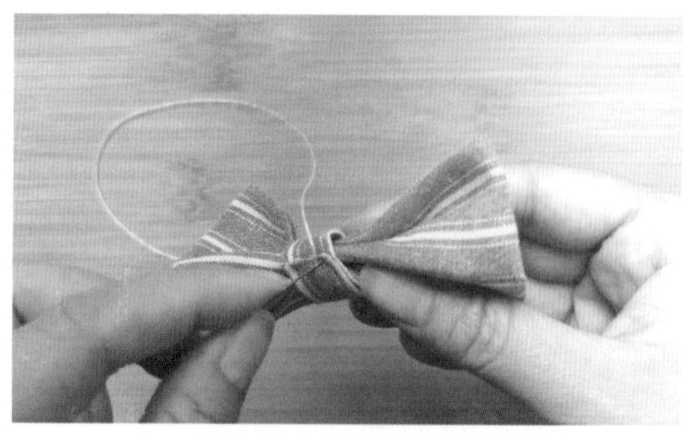

12 将第 10 步制作好的小布条围在中间，用针线固定。

13 粘在发夹上。

发圈

其实一根小布条加根松紧绳就可以做出很好看的发圈，

成本可能仅是外面卖的发圈价格的十几分之一吧。当然，重要的是做手工的乐趣，

做来自己用或送给别人，简直太棒了！

这不，前面做裙子和发夹剩下的衬衫布可不能浪费了！！

摄影：沈丽

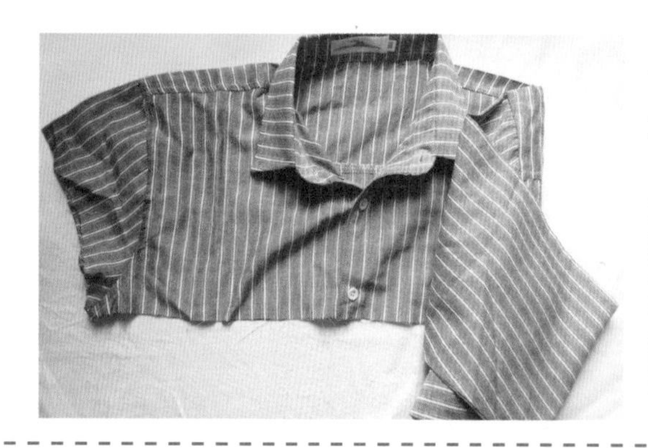

材料

不穿的衬衫或其他布料，松紧绳，一字夹

碎碎念

一样的做法其实还可以加点别的，比如一些蕾丝花边，或者跟前面的蝴蝶结结合，就可以变成不一样的款式了。

步骤

翻细布条的方法

发圈制作教程

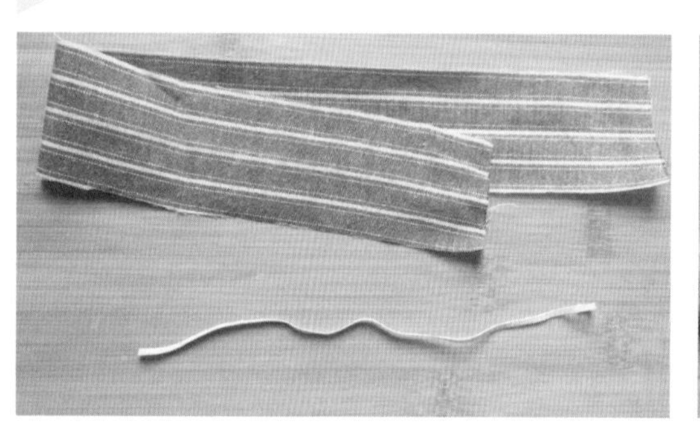

1 剪出约 25cm×4cm 的布条，准备一根细松紧绳。

2 将布条沿长边方向对折，缝合分开的长边后，翻至正面。

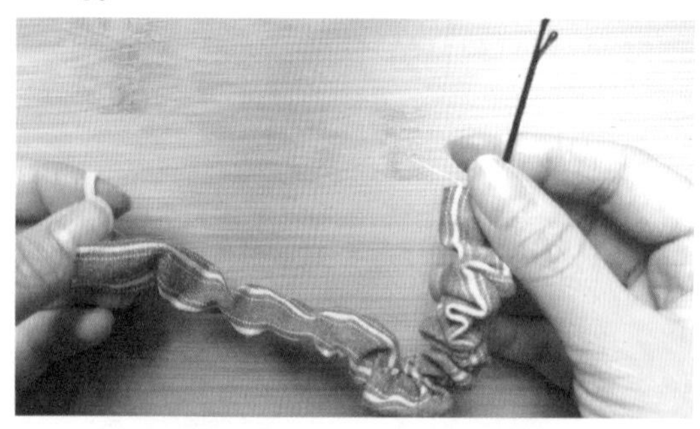

3 穿入松紧绳。使用一字夹穿会很方便。

4 将松紧绳截取合适长度，打结，剪去多余部分。准备缝合接口。

5 将布条一端向内折边，另一端塞入其中，用藏针缝方法缝合。

6 也可以加上蕾丝花边装饰。

做个袋子吧

用衬衫真的可以做出一个袋子来，
制作方法既简单又特别，出门买东西用很方便呢！
有时候我会懒得背包出门，随意地背个布袋子，
所有东西往里一扔，很是轻便，这种方式深得我心。

摄影：沈丽

材料、工具

不要的衬衫，白色织带，任意布料（里布），水消笔，尺，珠针（帮助固定织带）

碎碎念

如果没有白色织带，可以拿其他带子代替，也可以用衬衫布缝出两条带子；里布可加可不加，加了袋子会更厚实紧致一些。

步骤

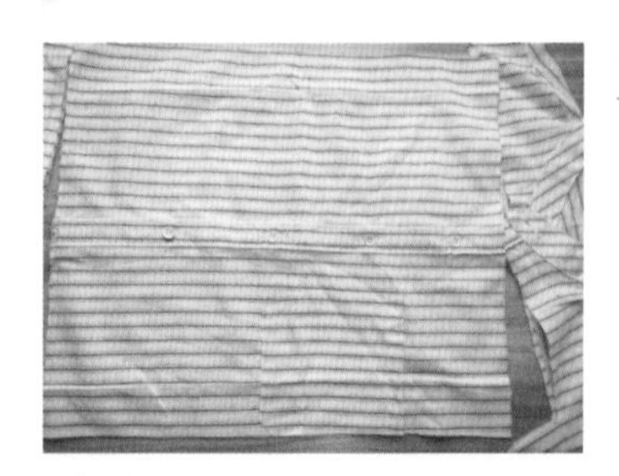

1 将衬衫平铺，根据自己想要的包包大小在上面用水消笔画出轮廓。我需要的尺寸是 30cm×40cm。然后剪下布料。

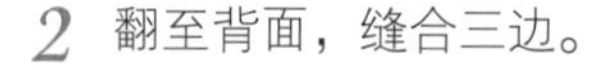

2 翻至背面，缝合三边。

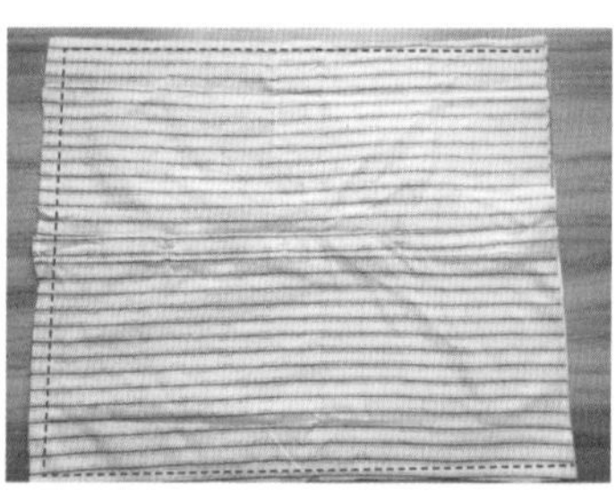

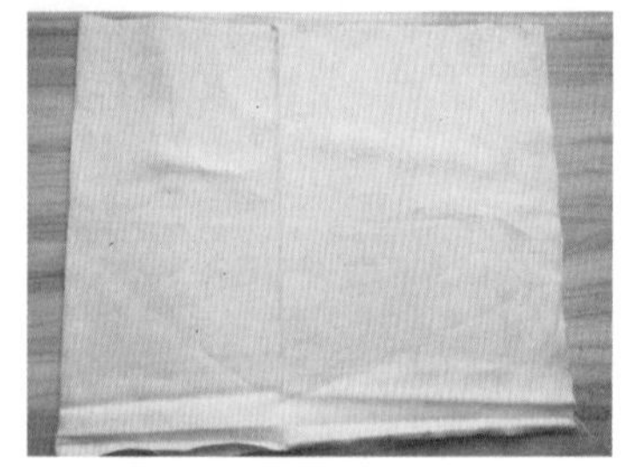

3 裁出与衬衫表布一样尺寸的里布，并同样缝合三边。

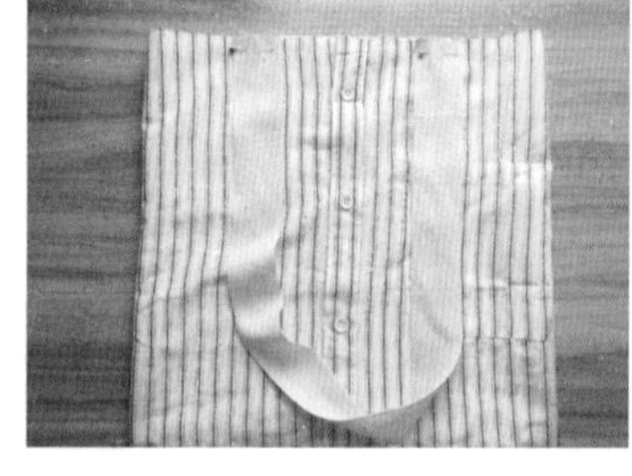

4 将表袋翻至正面，按图示缝上织带。另外一面也缝上织带，并注意两根织带应长短一致。

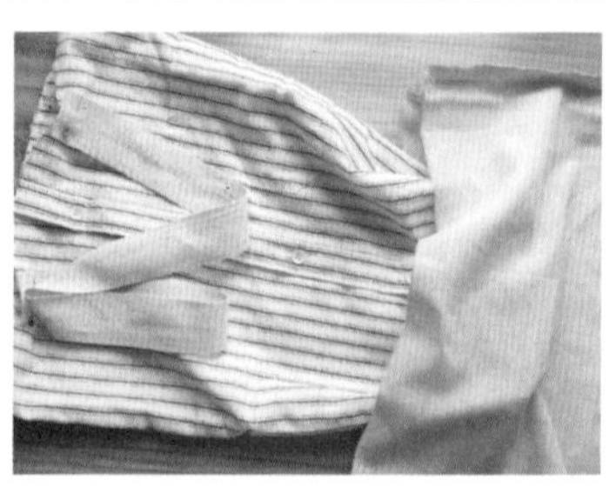

5 将表袋塞入里袋中，表袋为正面，里袋为反面。

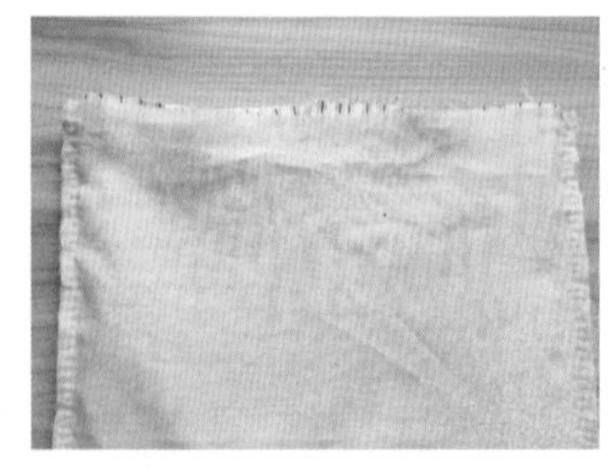

6 缝合袋口处的表袋与里袋，留返口。

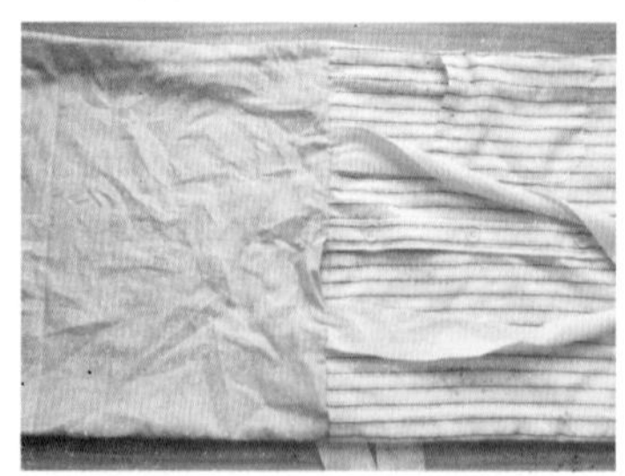

7 翻至正面。

8 将返口用藏针缝方法缝合。

第四篇

我家的杂货

家居杂货对我来说一直都有着一种吸引力。网上的家居杂货店、商场的家居商铺，我都能够逛好久，总期待能发现新大陆，或者找到些家居设计灵感。一些有趣的家居杂货真的能让你在生活中得到便利，或者达到赏心悦目的效果。但有些时候可能难以买到称心如意的物品，而我的想法永远都是：做一个不就得了。虽然我经常行动力赶不上想法，但是还是有一些好的手工可以分享给大家的，特别是一些实用的旧物改造。这些小心思也可以用在其他地方。只要有想法，就付诸行动吧！

奶粉罐小方凳

从小，我妈妈就说我是专业收破烂的，亮闪闪的糖果纸我可以装满一个抽屉，小瓶子也能屁颠屁颠地捡一堆并视如珍宝。现如今，我周围有了小孩子，我发现了一样更有用的东西——奶粉罐。在有婴儿的家庭，空奶粉罐真的是高产的东西，它们还很结实。但是，家长们很多时候可能就拿几个来装杂物，其余的统统卖给了废品站。我觉得，这样真的很可惜。于是，有一次我从姐姐家拎回来了一堆奶粉罐，决定让它们发光发亮，便有了这个既可以储存东西又可以坐的奶粉罐小方凳。

摄影：沈丽

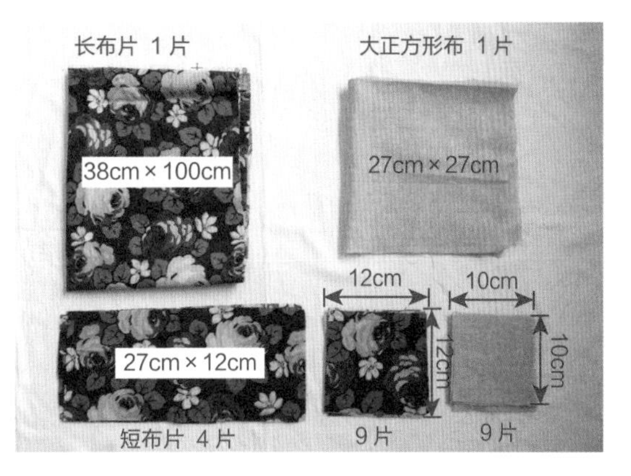

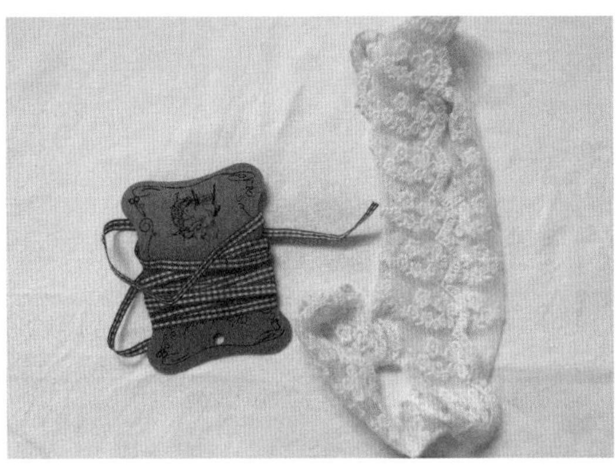

材料

空奶粉罐 4 个，宽胶带，布料 2 种（按图中尺寸剪），丝带，蕾丝花边，棉花，魔术贴

碎碎念

不同的奶粉罐尺寸有差别，我此次用的奶粉罐高 18cm，直径为 13cm，请根据奶粉罐尺寸调整所用布料的大小。

步骤

1 用宽胶带将 4 个空奶粉罐缠一起。

2 将长布片展开，先正面相对沿长边方向对折，再沿图中虚线缝合。

注意

盖子翻盖的开口方向向外，可以打开盖子放东西。

3 翻至正面，一端向里折约 2cm。

4 将魔术贴的一面缝在上面。

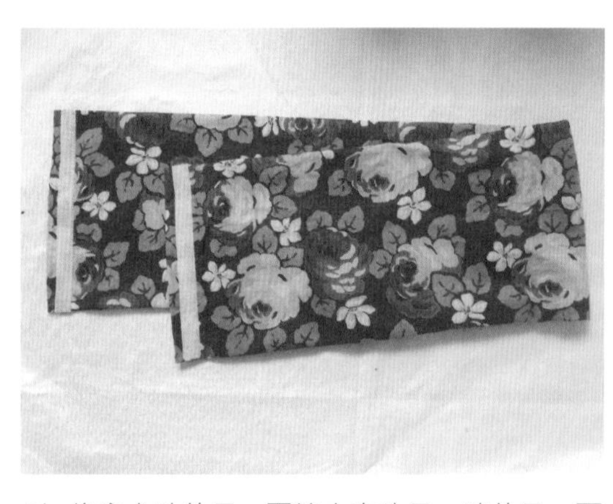

5 将魔术贴的另一面缝在布片另一端的另一面上。

6 用长布片将缠好的奶粉罐包裹住，做凳子底座。

7 准备好一大一小两片正方形布片。

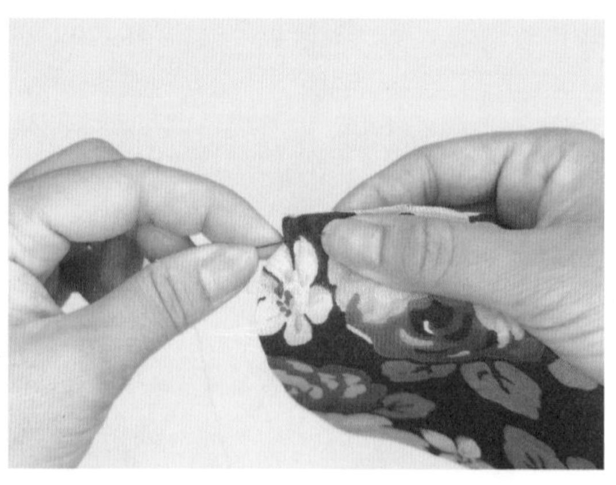

8 使它们背面相对，缝合四周。

9 大的正方形布片会长出一部分。

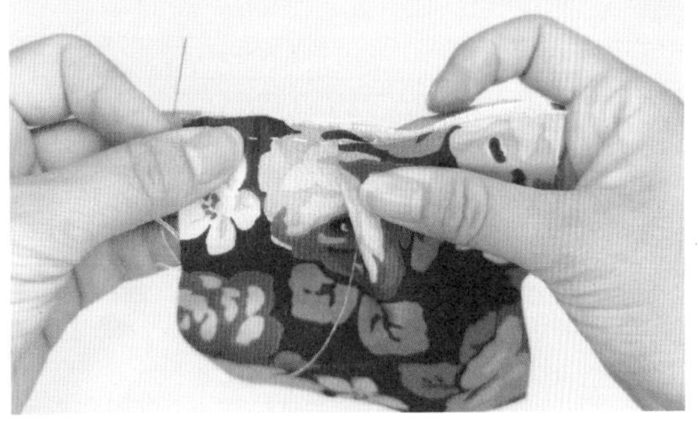

10 在中间打褶，将长出的部分折进去。

11 四条边用相同的方法缝合。

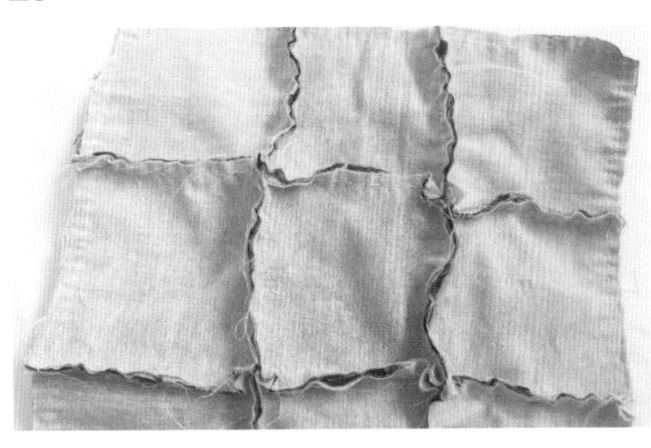

12 制作 9 片这样的布，将其拼接在一起。

13 将短布片一条长边连续向内折两折（每次折 1.5cm），缝合。

14 缝好 4 片短布片后，按图示拼接。

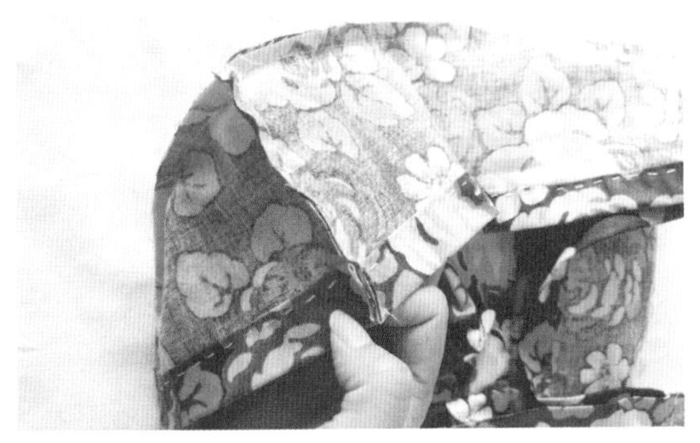

15 将短布片侧边缝合。

16 完成缝合。

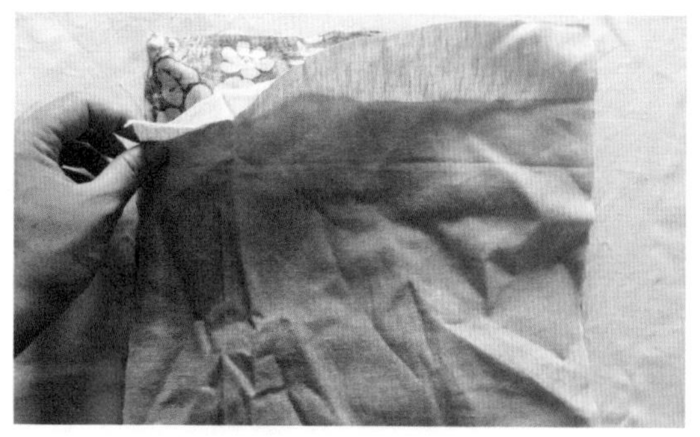

17 将大正方形布与上一步缝合好的布正面相对缝合，留一边做返口。

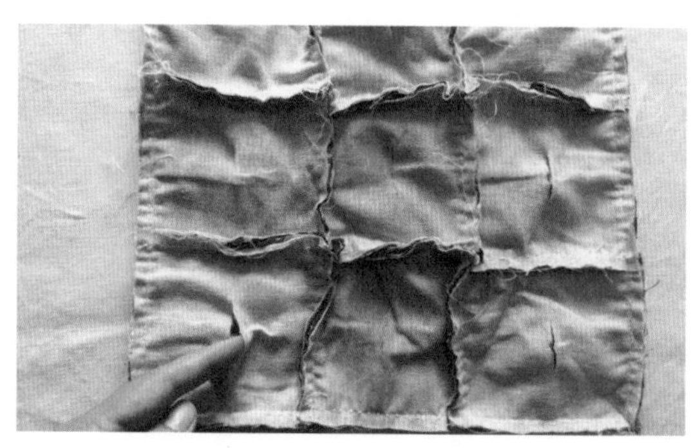

18 翻到另一面，将每一片小布片都剪小口（只剪上面一层布）。

19 塞入棉花。

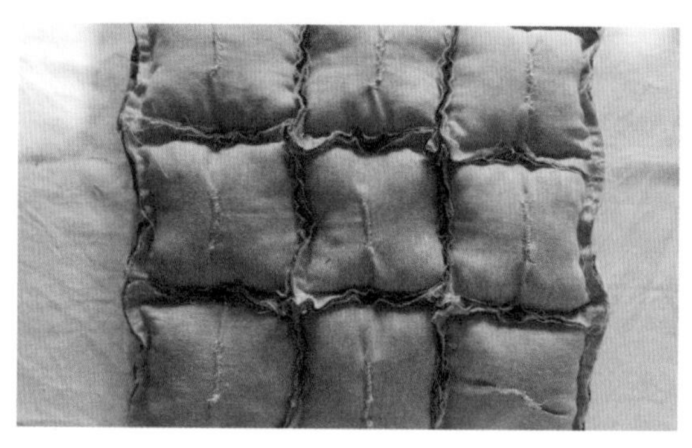

20 将小口缝合起来。

21 翻至正面，缝合返口。

22 套在凳子底座上。

23 在图中四个角的位置缝上丝带，系成蝴蝶结。

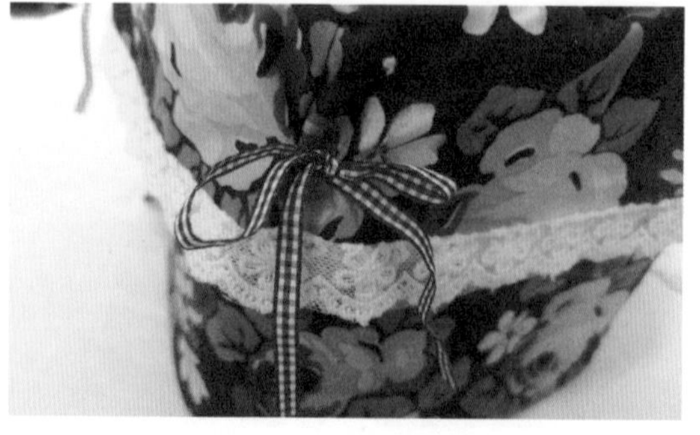

24 可加上蕾丝花边，遮住缝线的位置。完成。

懒人沙发

很多年前，我在逛街的时候试过一款懒人沙发，那种感觉到现在都还记得，因为真的是太舒服了，坐下去完全不想起来。那个时候我对懒人沙发还没有概念，只知道它看上去软趴趴的，还有点儿丑，但却舒服到我想买了它，可价钱实在是太贵了，买不起。后来，经历了一次搬家，在思考如何将新搬进的屋子布置得更加舒适的时候，我又想起了多年前的那款沙发。于是，我便自己动手做了一个，并且还是个加大版的，因为我想让自己整个人都窝在上面。

摄影：沈丽

材料、工具

5cm × 20cm 的布条 6 条，直径为 2mm 的保利龙球 3.5kg

沙发套：边长为 80cm 的正方形布 2 片，45cm × 80cm 的长方形布 4 片里袋：与沙发套布料同尺寸

珠针

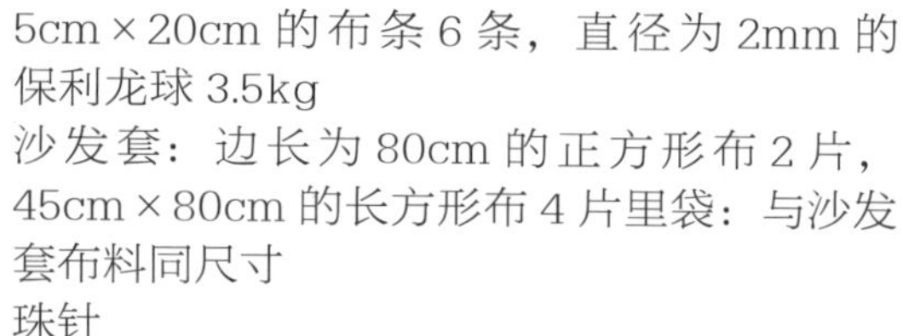

碎碎念

沙发套的布料可以选择厚一些的，会比较耐用；里布的话，薄一些就可以，里袋是用来装保利龙球的；这个尺寸做出来的懒人沙发还是挺大的，很舒服，如果不想做太大的，可以将尺寸减小。

步骤

1 将布条两端向内折边。

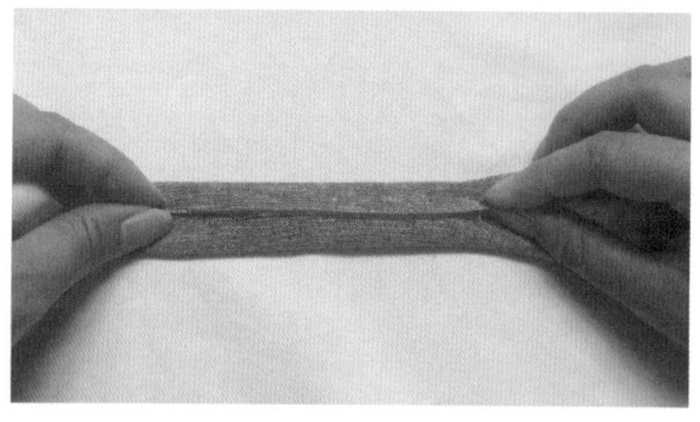

2 将两长边往中间折。

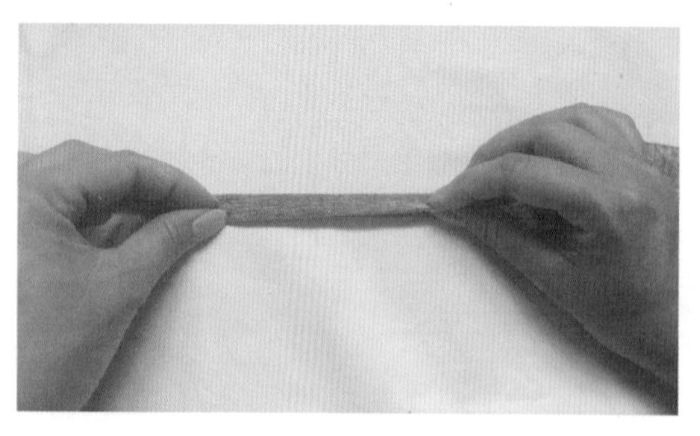

3 再对折。

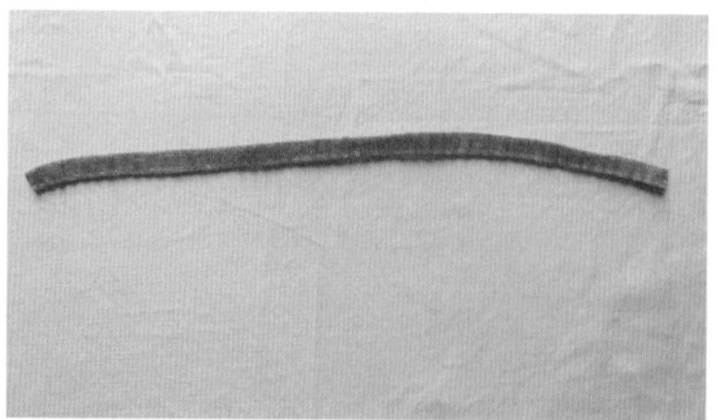

4 缝合。

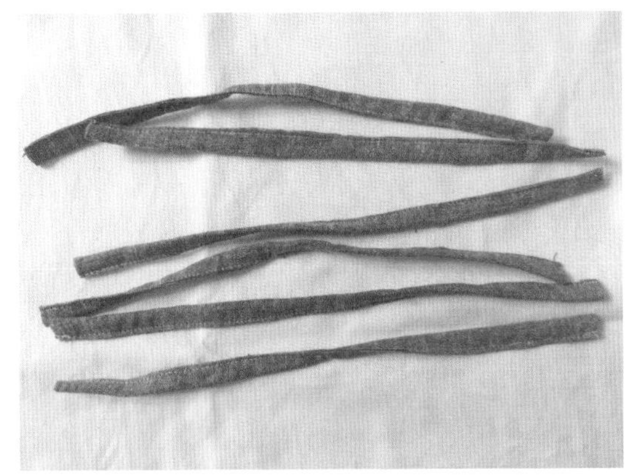

5 做好 6 条。

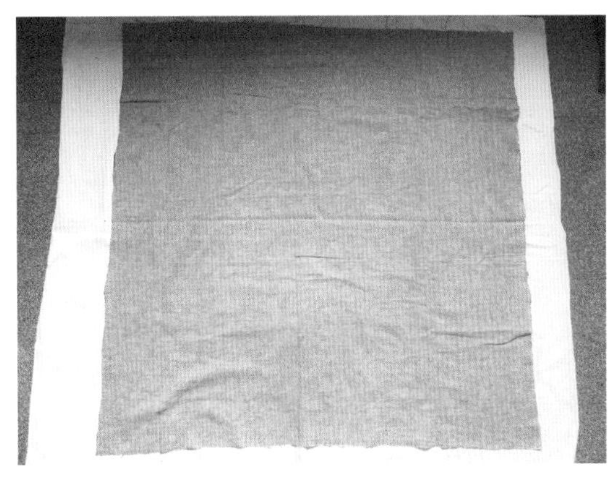

6 将正方形布展开。

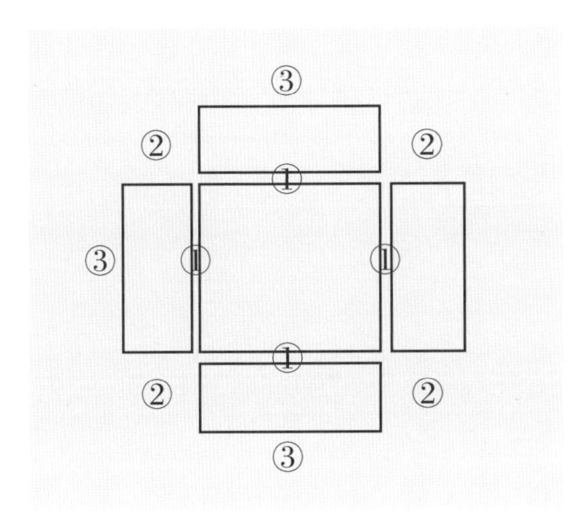

7 如图所示，将一片正方形布与 4 片长方形布摆放好，先将 4 片长方形布缝到正方形布上（①），再将长方形布的侧边缝合（②）。然后，取第二片正方形布，将其三边分别与其中 3 片长方形布的长边（③）缝合，留一边不缝合。

8 不缝合的那一边的两个布边分别连续向内折两折（每次约折 1.5cm）。

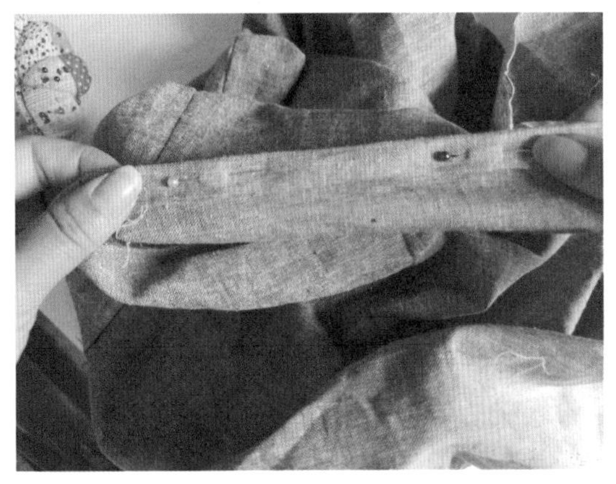

9 用珠针固定。

10 缝合。

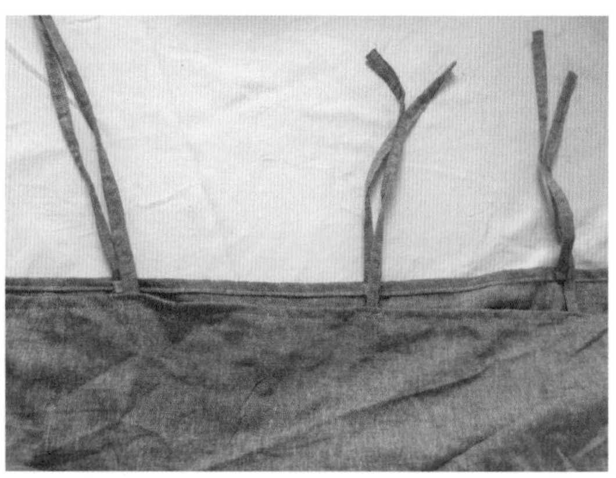

11 缝上布条，共 6 条，3 对。完成沙发套的缝制。

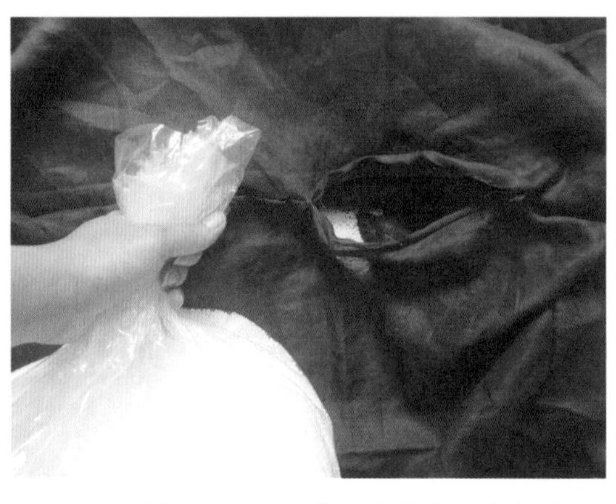

12 用同样方法缝合里袋，在其中一边留返口，装保利龙球。

注意

里袋不用留一整边，留一个返口即可。

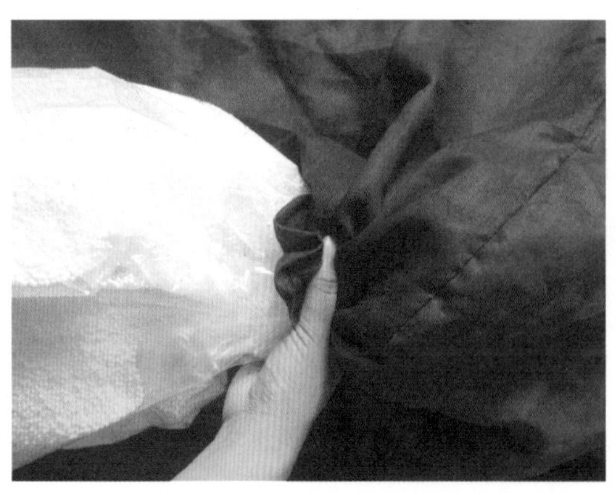

13 口对口倒入保利龙球，避免漏出来。

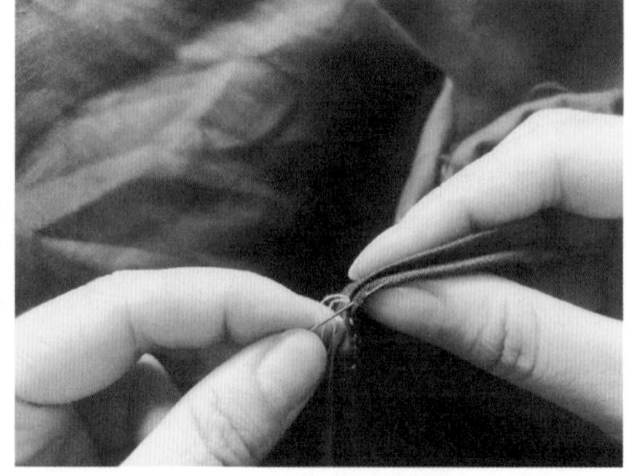

14 缝合返口，将装有保利龙球的里袋套上沙发套即可。

自己做窗帘

有时候，我想给自己的小窗户加个窗帘，或者给门加个精致的门帘，但找到符合自己想要的款式或者大小真的很难，在上学住宿舍和租房子住的时候我深有体会，一般就是搭一块布上去挡住就得了。这样敷衍了事还有一个原因，那就是一些定制的窗帘价格很高。其实，我想说，自己做窗帘是非常简单的一件事，只要挑选自己喜欢的布料就可以了，并且大小、长短，一片式的还是两片式的，都可以按照自己的想法去做。

摄影：沈丽

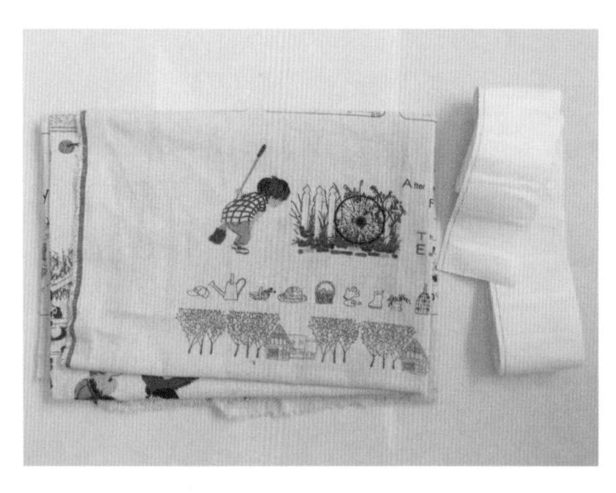

材料

布料（根据自己的窗户确定大小），窗帘布带（比布料水平长度长约 2cm）

碎碎念

准备的布料纵向长度要有最少 10cm 的富余长度用来折叠哦；水平长度要是窗户宽度的两倍，这样窗帘会有褶皱感，更好看些；当布料两侧不脱线时可以不处理（如本作品），如需要处理，在第 1 步前先将布料两侧分别向内折两折再缝合。

步骤

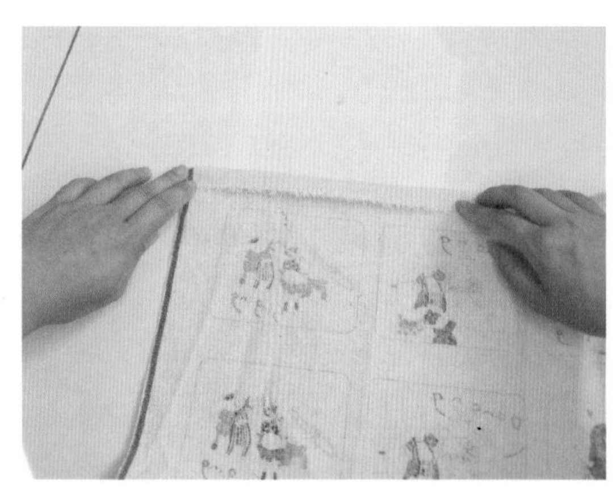

1 将布料上面的边往下折约 2 cm。

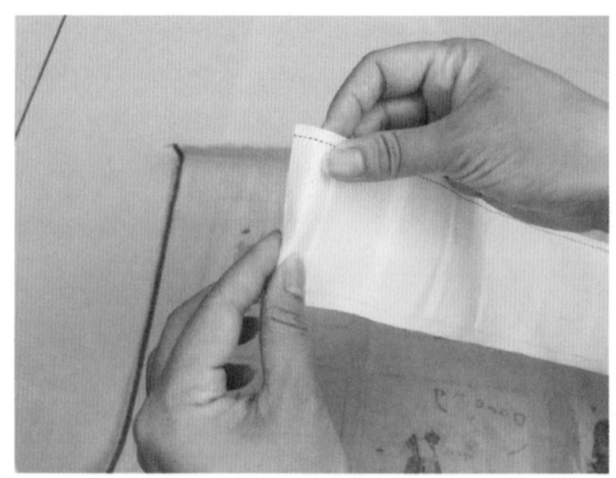

2 将窗帘布带两端分别向内折 1cm。

3 如图所示，对准布边放置好布带。

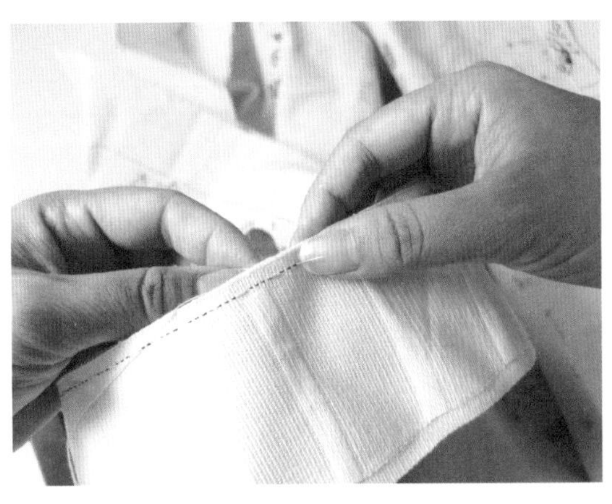

4 缝合布带的上下边缘。

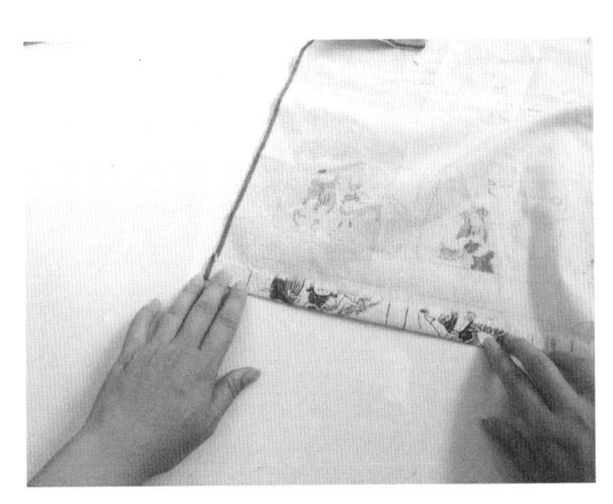

5 处理底边，先向上折约 1.5cm。

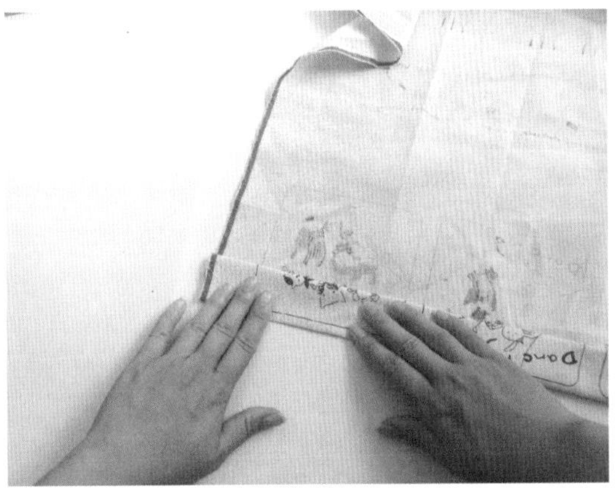

6 再往上折约 2cm（根据布料类型确定折合长度，一般为 2~5cm）。

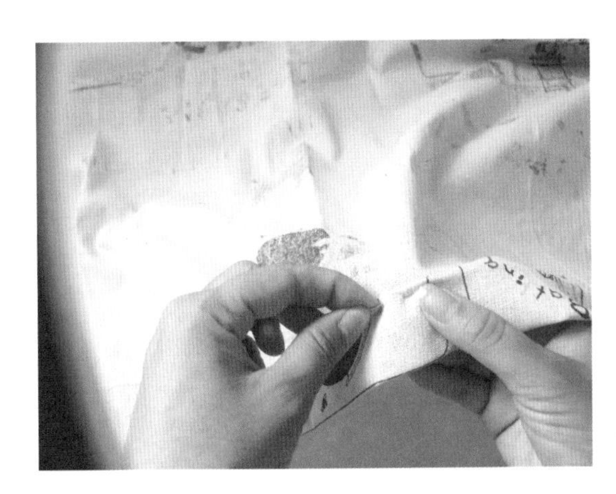

7 缝合。完成。

玩具收纳袋

我是一个侄子、侄女、外甥、外甥女众多的人，也是一个儿童教育工作者，所以对大人头疼孩子收玩具这个事情真的是见怪不怪了。其实，孩子对于收玩具这件事也是非常头大的："玩具那么多，叫人家怎么收拾嘛！"所以，我肯定要解救一下最近处于收拾玩具这个大困境的侄子的。还别说，给他做了一个玩具收纳袋之后，再也不用大人提醒他收拾玩具了。因为真的很方便，将全部玩具收进袋里，一拉，就收拾好了。还可以将袋子铺开坐在上面玩，也避免了地板太凉，需要再去准备一张毯子的情况。所以，你也赶紧来给你家宝贝做一个吧！

摄影：沈丽

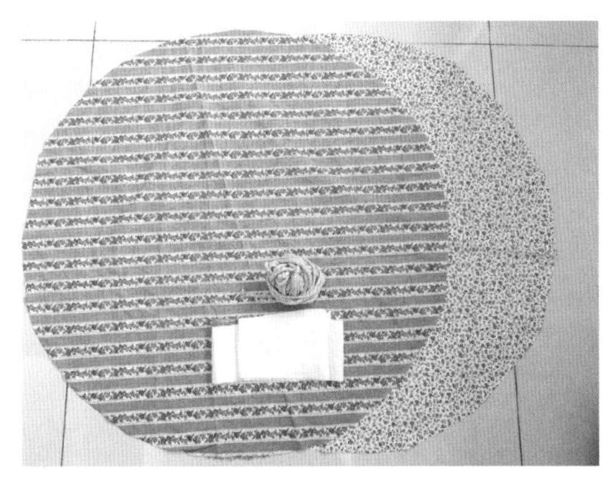

材料

直径为 1m 的圆形布料两片，
1.8m × 10cm 的布条两条，
3.5m 长的麻绳两根

碎碎念

圆形布料的大小可以自己调整，布条的总长度比圆形布料的周长长约 8cm 就可以，也可以多预留一点儿。

步骤

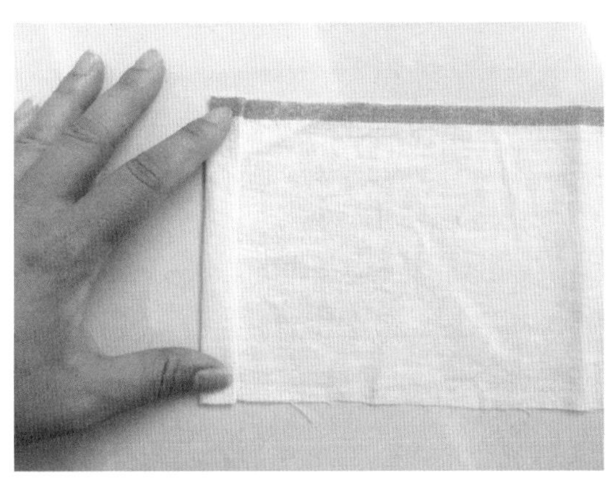

1 先处理布条，向内连续折两折（每次约折 1cm）。

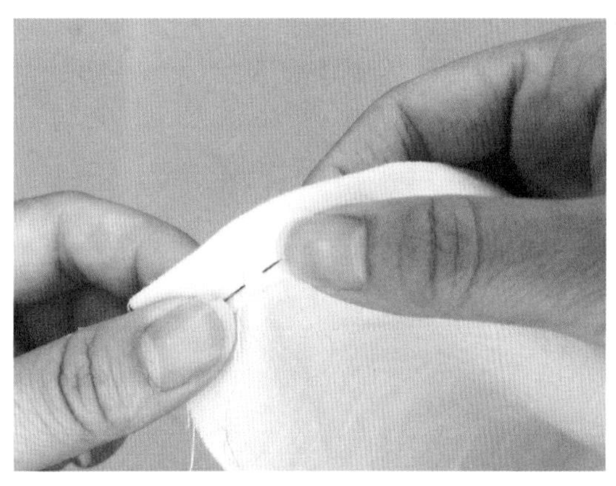

2 缝合。

3 两端都以相同方法缝合，另外一条布条按同样的方法处理。

4 将两片圆形布片背面相对放好。

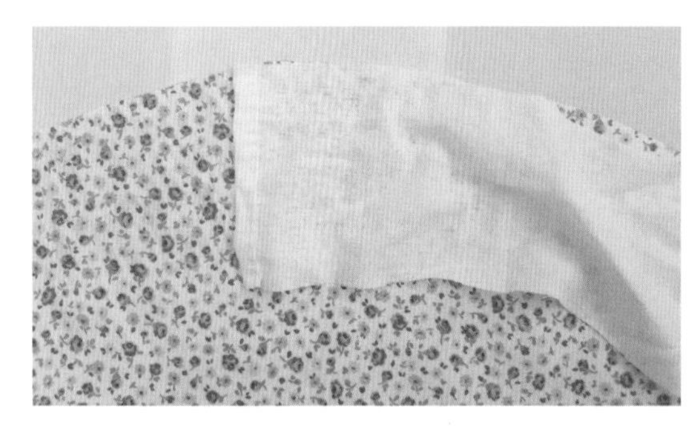

5 将布条背面朝上，沿着圆形布片边缘缝合。

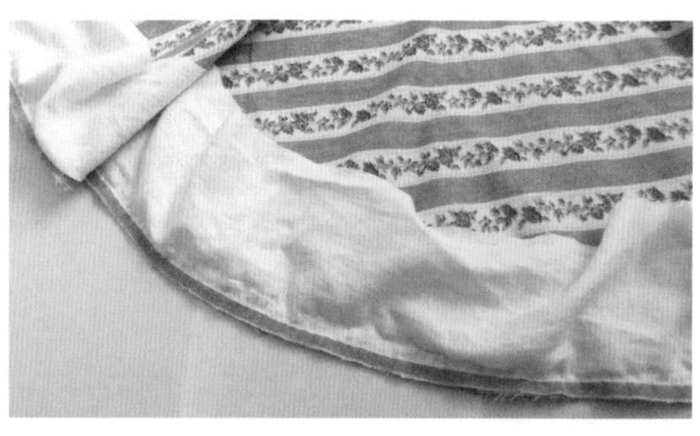

6 按图所示缝合，注意一条布条长为半圆的弧长。

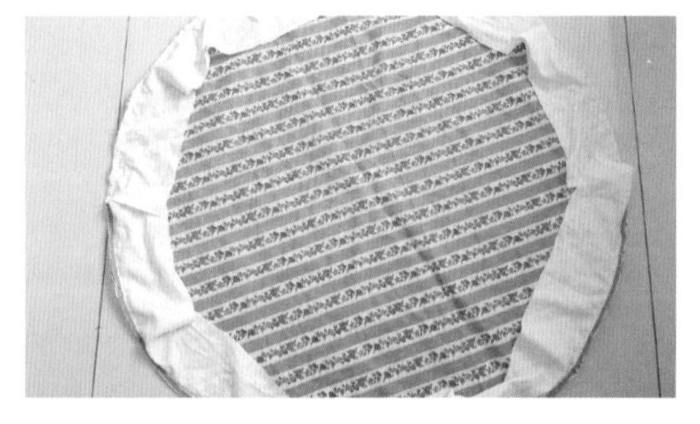

7 如图所示，将两条布条缝合好。

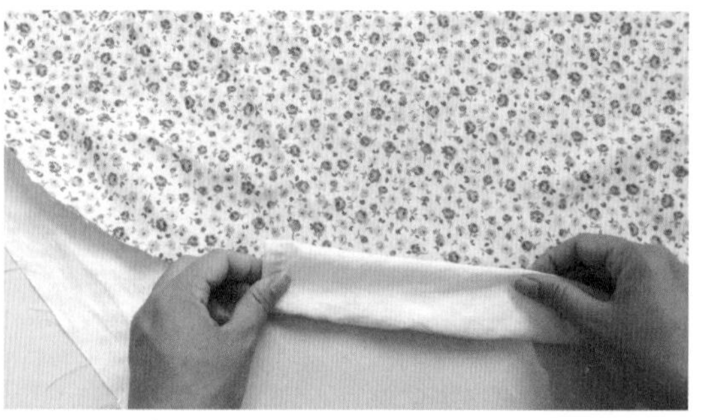

8 将布条翻到圆形布片的另一面，并向内折，将圆形布片包住。

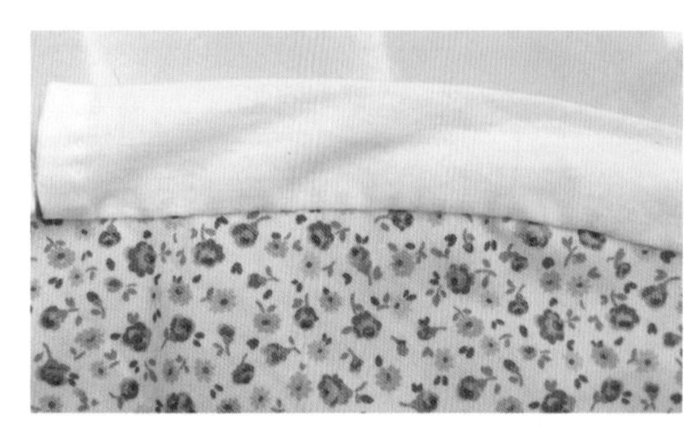

9 用藏针缝方法将布条跟圆形布片缝合。

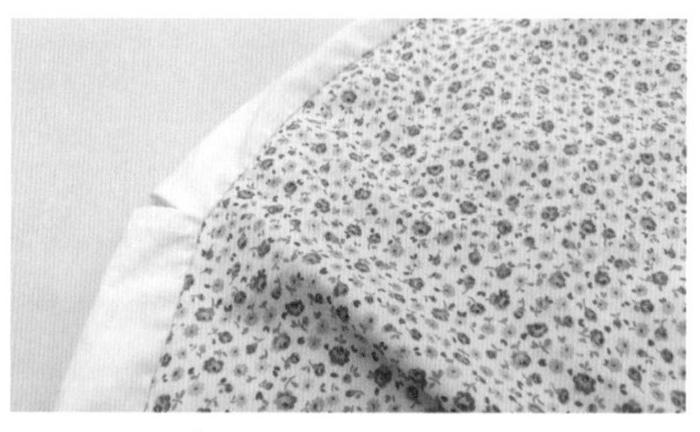

10 如图所示，缝合好布条，并留布条相接处不缝。

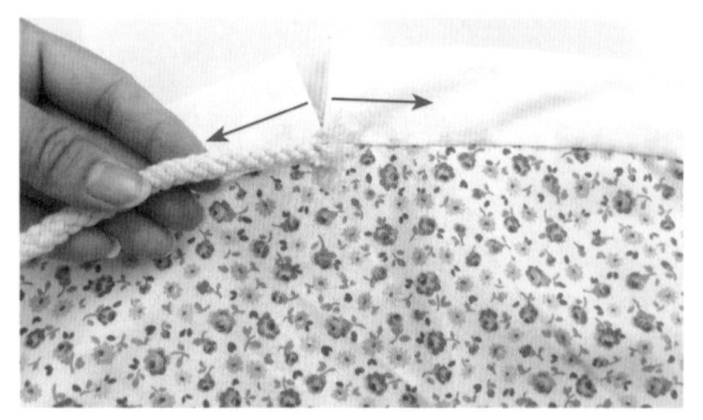

11 分别向两边布条内各穿入1根麻绳。

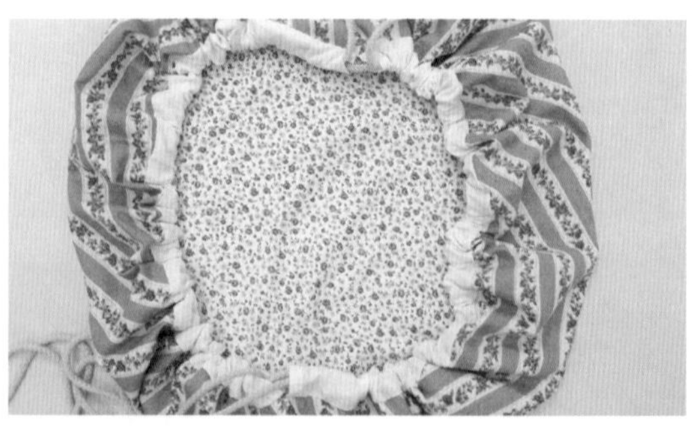

12 完成。

第五篇

牛仔裤（裙）的变身

你怎么又穿牛仔裤了？

你除了牛仔裤还有没有别的衣服？

这话是不是很熟悉？谁还没条牛仔裤了？但是，有些人简直是牛仔裤狂热爱好者，就连我的小侄子都热爱牛仔裤，他在三四岁的时候，会自己挑牛仔裤穿，不是牛仔裤就不穿，大概是因为穿起来比较帅。现如今我身边也有这么一个人，重度的“牛仔裤痴迷症”患者，打开她的衣柜，只能看到满满的牛仔裤，每次见面，毫无意外地肯定就是各种样式的牛仔裤，连裙子都是牛仔裙。自然，她淘汰下来的牛仔裤、牛仔裙也不是一般的多，连起来，可围家里一大圈那种吧。把它们直接扔了实在可惜。于是，我们便开始了改造计划，牛仔裤可是一个怎么挖掘都挖掘不完的宝藏，改造余地可是非常大！

牛仔裤抱枕

阔腿牛仔裤突然地就流行起来了，
当然，买得多了，压箱底的自然也就多了，
用不穿的阔腿牛仔裤做一个糖果抱枕吧！
当然，你也可以做个其他形状的。

摄影：沈丽

材料、工具

阔腿牛仔裤，白色里布，棉花，棉绳，花边，水消笔，一字夹，珠针

碎碎念

里布种类可以随意选择，能装棉花即可；有里布的话，外面的牛仔抱枕套就可以拆洗了。

步骤

1 准备好阔腿牛仔裤。

2 用水消笔画出所需长度，并剪下裤腿。

3 将裤脚的毛边剪去。

4 将裤腿两端均往内连续折两折（每次约折1cm）。

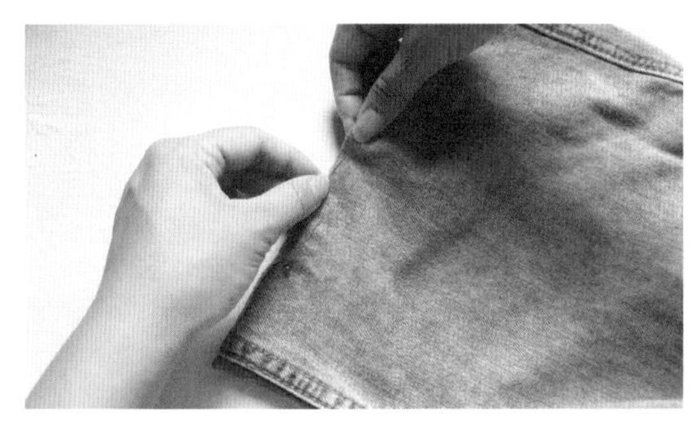

5 使用珠针固定。

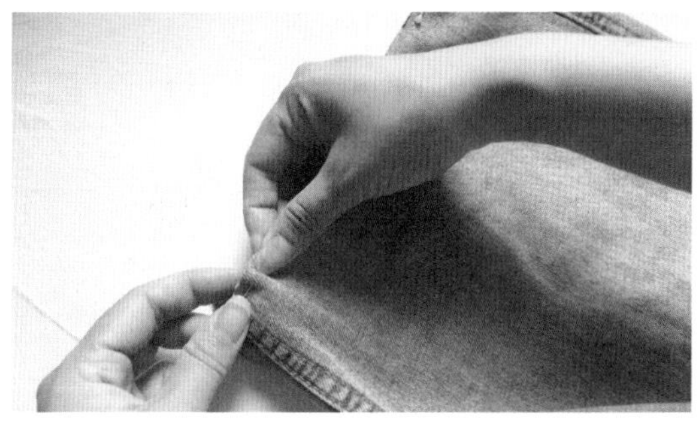

6 分别缝合两端的折边处。

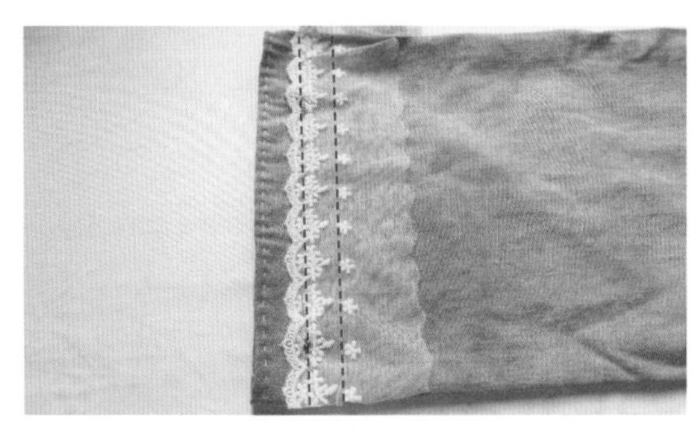

7 按图示在两端缝上一圈花边。

8 使用一字夹分别在两端穿入棉绳。

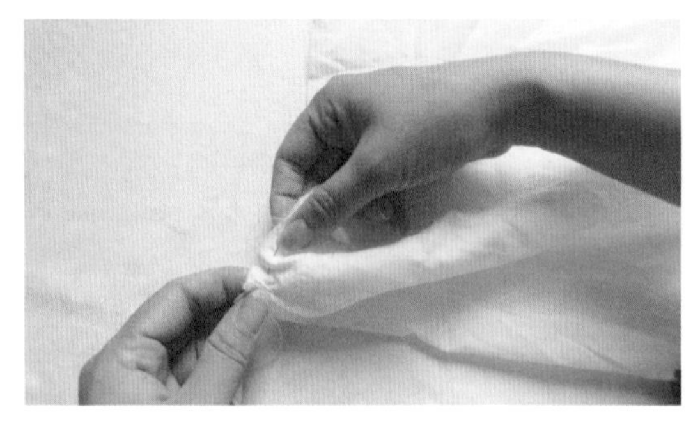

9 里布的尺寸与牛仔抱枕套一致。对折，缝合三边，留返口。

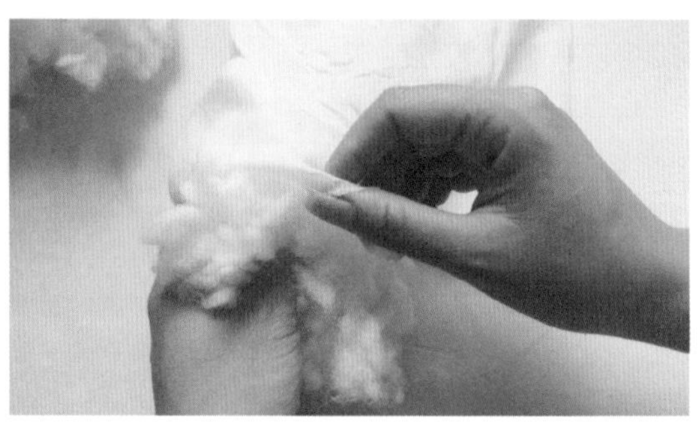

10 翻到正面，塞入棉花。

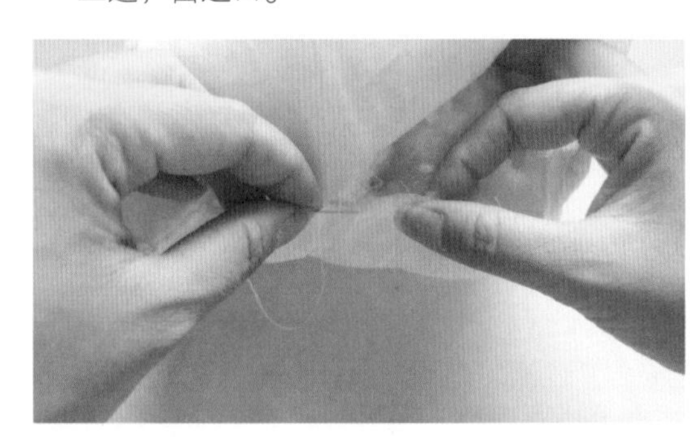

11 缝合返口。

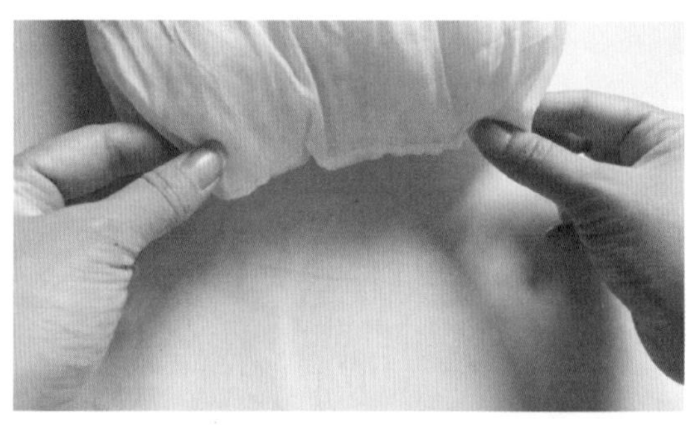

12 捏住两侧。

13 将两侧往中间聚拢，缝合固定。两端均如此处理。

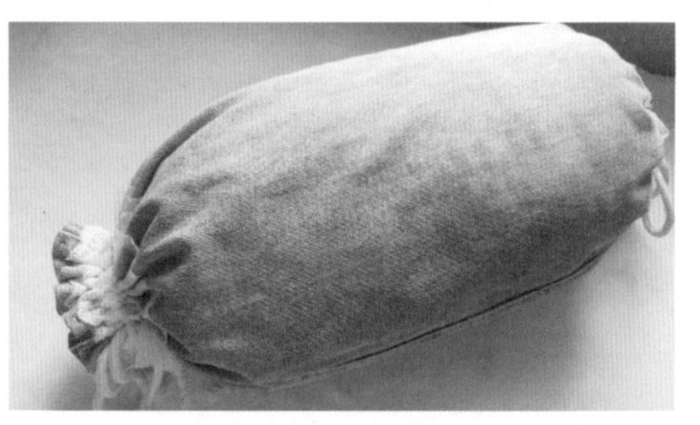

14 套上牛仔抱枕套，扎紧棉绳。完成。

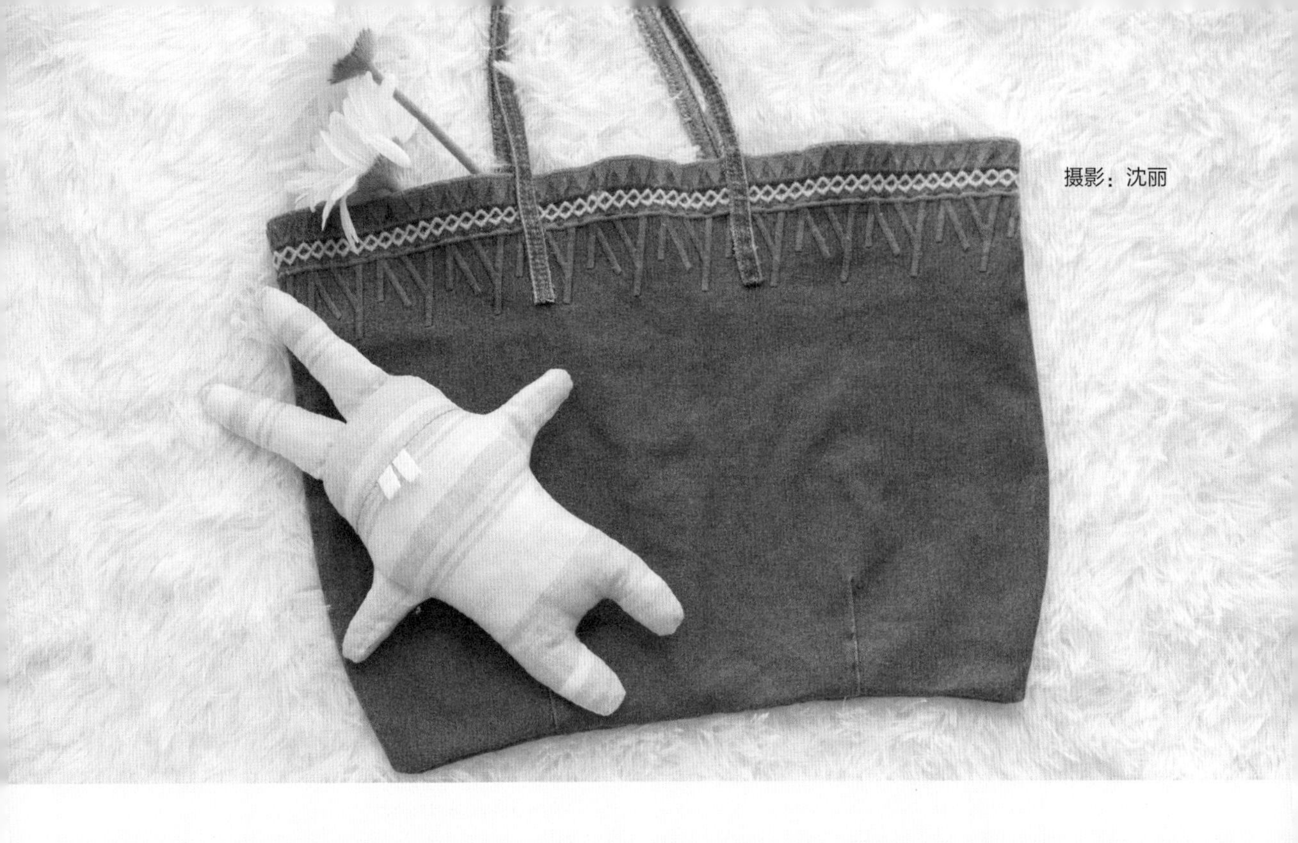
摄影：沈丽

一个背包

沉痛地告诉大家，这是一条放了很久连吊牌都没有拆的牛仔裙。对此，我必须自我批评。

你家里是不是也有这种买来就没穿过的衣服呢？扔了吗？请不要浪费资源，要么捐了它，要么像我一样，改造一下吧！

材料

牛仔 A 字裙

碎碎念

牛仔 A 字裙刚好就是一个背包的大小，形状也相似，所以简单缝合，加上背带就可以了。关于背带，可以使用同色系的牛仔裤或者棉织带等，完全可以根据自己的喜好搭配。这次，我就剪了一条牛仔裤的侧边用来当背带。

步骤

1 准备一条不要的牛仔裙。

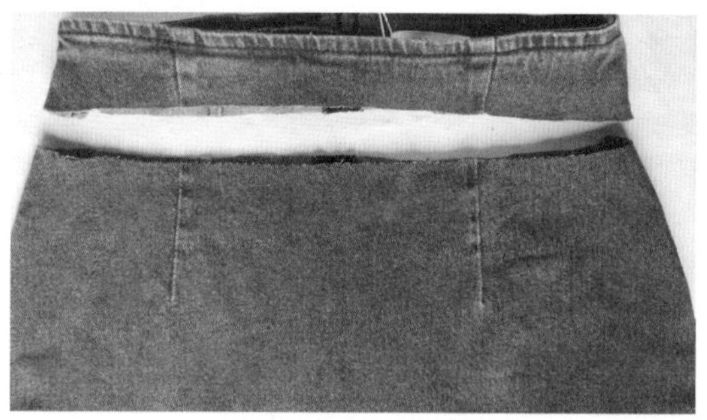

2 剪去腰处（此侧为背包底部）。

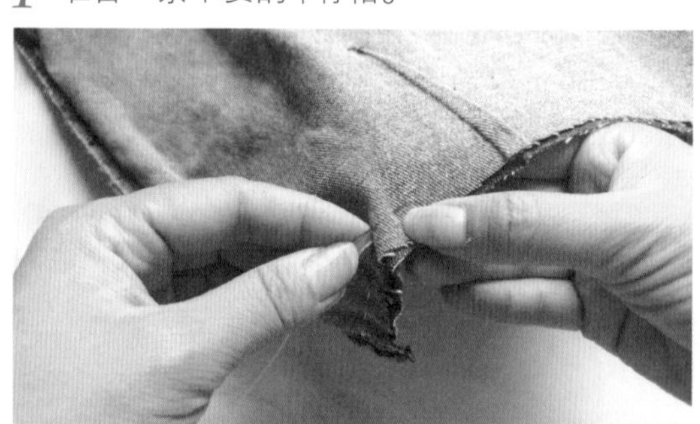

3 翻至背面，缝合底部。

4 翻回正面。

5 整理好底角。

6 缝上两根背带。完成。

摄影：沈丽

隔热手套

好多人说，如果你想要减肥，那就买一条小一号的牛仔裤鞭策自己。这条牛仔裤极其修身，而我一直都穿不了它。显然，它不是一条“尽职”的牛仔裤，所以，我打算把它给改造了。对于喜欢烘焙的我来说，隔热手套是非常需要的。于是，我便用它做了一个隔热手套，非常实用呢！

材料、工具

牛仔裤一条，绸带一小截，水消笔

碎碎念

绸带可用可不用，使用它是为了做挂绳，平时可以挂起来，可以用其他绳代替；可以用一些装饰物装饰一下。

步骤

1 用水消笔在裤腿上画出 20cm×14cm 的长方形。

2 剪下长方形布片（单层），共 4 片。

3 将 4 片布均修出圆角。

4 将其中两片正面相对放好。

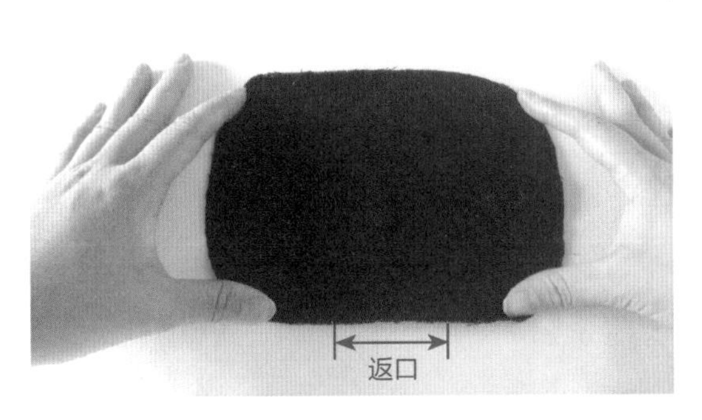

5 缝合一圈，留返口。

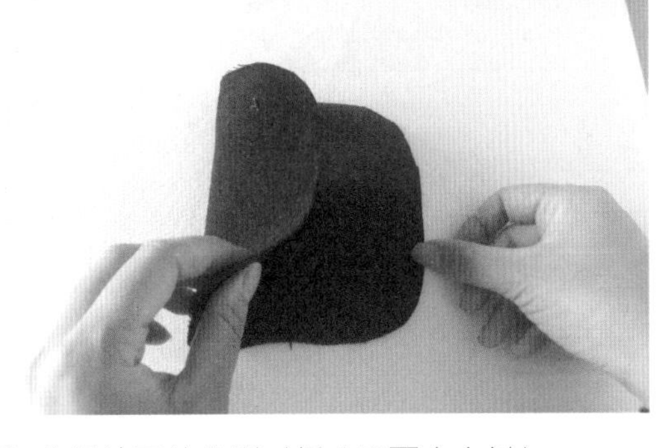

6 将另外两片分别对折（正面在内侧）。

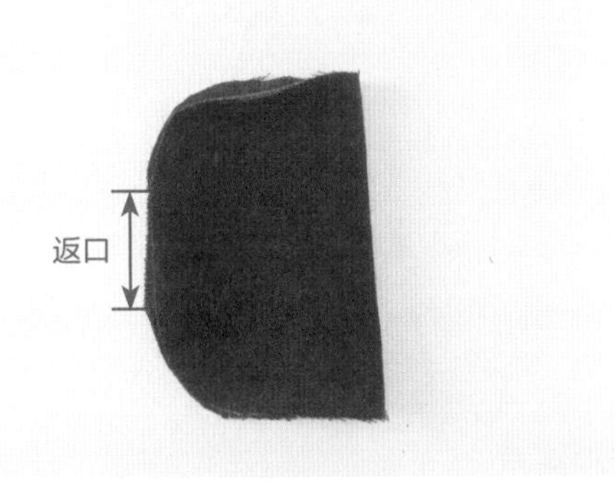

7 缝合，留返口。

8 在圆角处，剪牙口后，翻至正面。

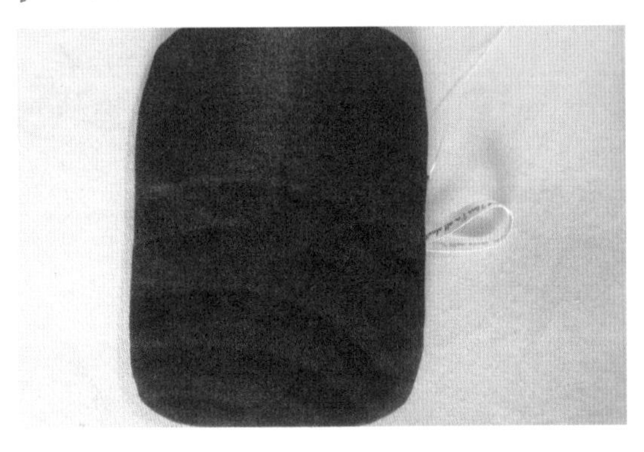

9 将绸带对折后塞入大布片的返口中。

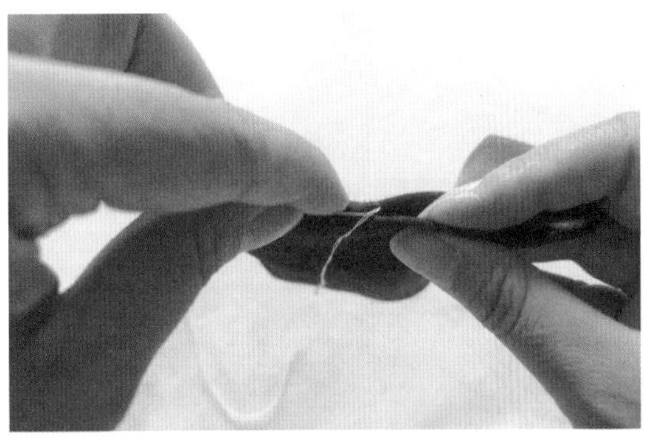

10 缝合所有布片的返口。

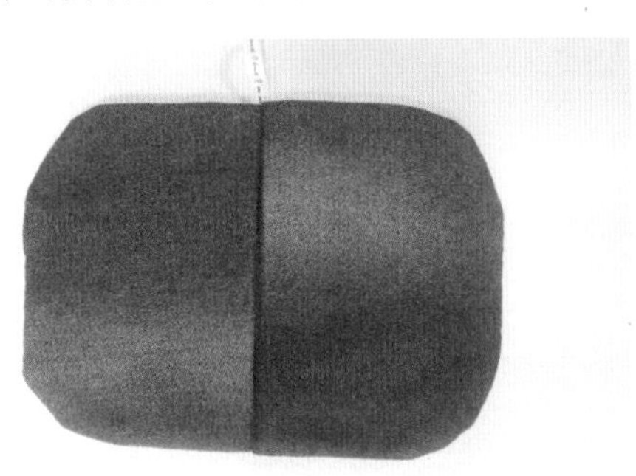

11 按图示将三片布片叠放好，用藏针缝方法缝合外边缘。完成。

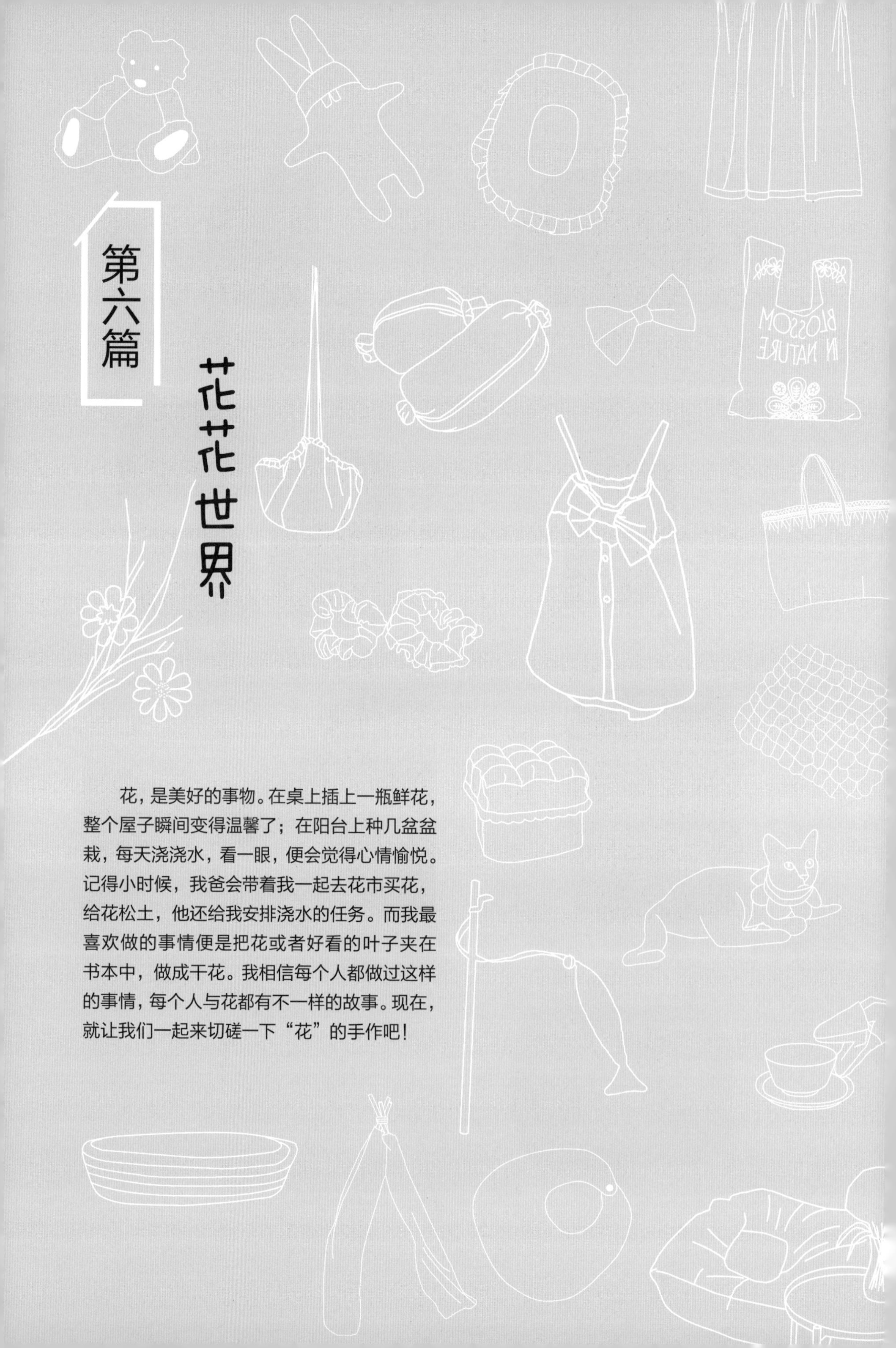

第六篇 花花世界

花，是美好的事物。在桌上插上一瓶鲜花，整个屋子瞬间变得温馨了；在阳台上种几盆盆栽，每天浇浇水，看一眼，便会觉得心情愉悦。记得小时候，我爸会带着我一起去花市买花，给花松土，他还给我安排浇水的任务。而我最喜欢做的事情便是把花或者好看的叶子夹在书本中，做成干花。我相信每个人都做过这样的事情，每个人与花都有不一样的故事。现在，就让我们一起来切磋一下“花”的手作吧！

压花和花草纸

鲜花不仅仅可以用于插花和种植，将其压干保存下来也有另一番滋味，用干花还能制作出各种衍生手工作品，如干花相框、手机壳、花草本子等。学会这招压花，可以说你能拥有小清新和森女气质了。

午后，阳光正好的时候，将压好的干花取出来，试一试自己制作花草纸，也是蛮好玩的一件事。花草纸的制作简单易操作，可以带着小朋友一起操作。此外，你会发现不同浓度的纸浆出来的纸张效果是不一样的，纸张厚度也可以根据需求自己掌控。做好的花草纸可以用来做成小本子、灯饰等，或者直接裱起来当挂画也是很有意思的。

摄影：沈丽

压花

材料、工具

各种鲜花和叶子，压花套装（压板 2 块，吸水纸，无纺布，欧根纱，海绵，扎带），密封袋

碎碎念

花材可根据自己的喜好选择，也可以根据自己后续要做的手工作品来选择。

步骤

1 将鲜花和叶子剪下。太大或者枯了的部分可以剪掉。

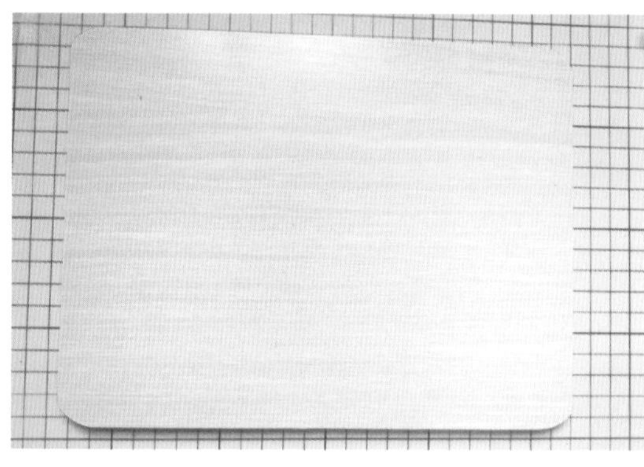

2 放好一层压板。

3 放上吸水纸。

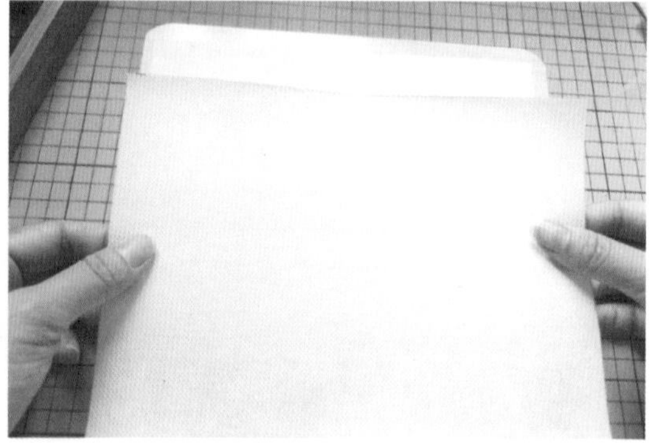

4 放上无纺布。

5 将鲜花小心地放上去。

6 全都放置好。

7 小心地盖上欧根纱。

8 放上一层海绵。

9 重复第 3~8 步，放第二层、三层鲜花或叶子。

10 最后一层鲜花或叶子摆放完毕，小心地盖上欧根纱，再放上一层海绵。

11 最后盖上压板。

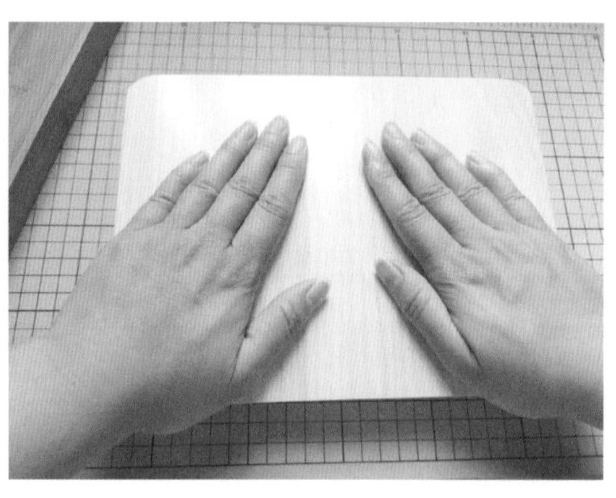

12 稍微压紧。

13 使用扎带扎紧。

14 放进密封袋中，放置 3 天。

15 取出，完成。

花草纸

材料、工具

干花，水，压缩纸浆片，造纸框（框内有细网），水杯或者勺子，箱子（不漏水的）

碎碎念

纸浆跟水的比例大概为 1∶100（质量比），如果想要厚一点的纸，就少加一些水，反之就多加一些水。抄纸就是将造纸框在水中来回摆动，主要是为了让纸浆均匀黏着在框中。不均匀也没关系，可以重来，多练习几次就可以了。

步骤

1 将压缩纸浆片撕碎后泡在水中（约 10min），然后搅拌，使其呈米糊状。

2 将造纸框放入其中进行抄纸。多摆动几次，让纸浆均匀分布在上面。

3 纸浆均匀分布。

4 将干花放上去。

5 使用水杯装纸浆，轻缓地倒在上面。

6 放在通风处晾干，然后从造纸框中取下即可。

注意

动作轻缓可避免冲开原本的纸浆。

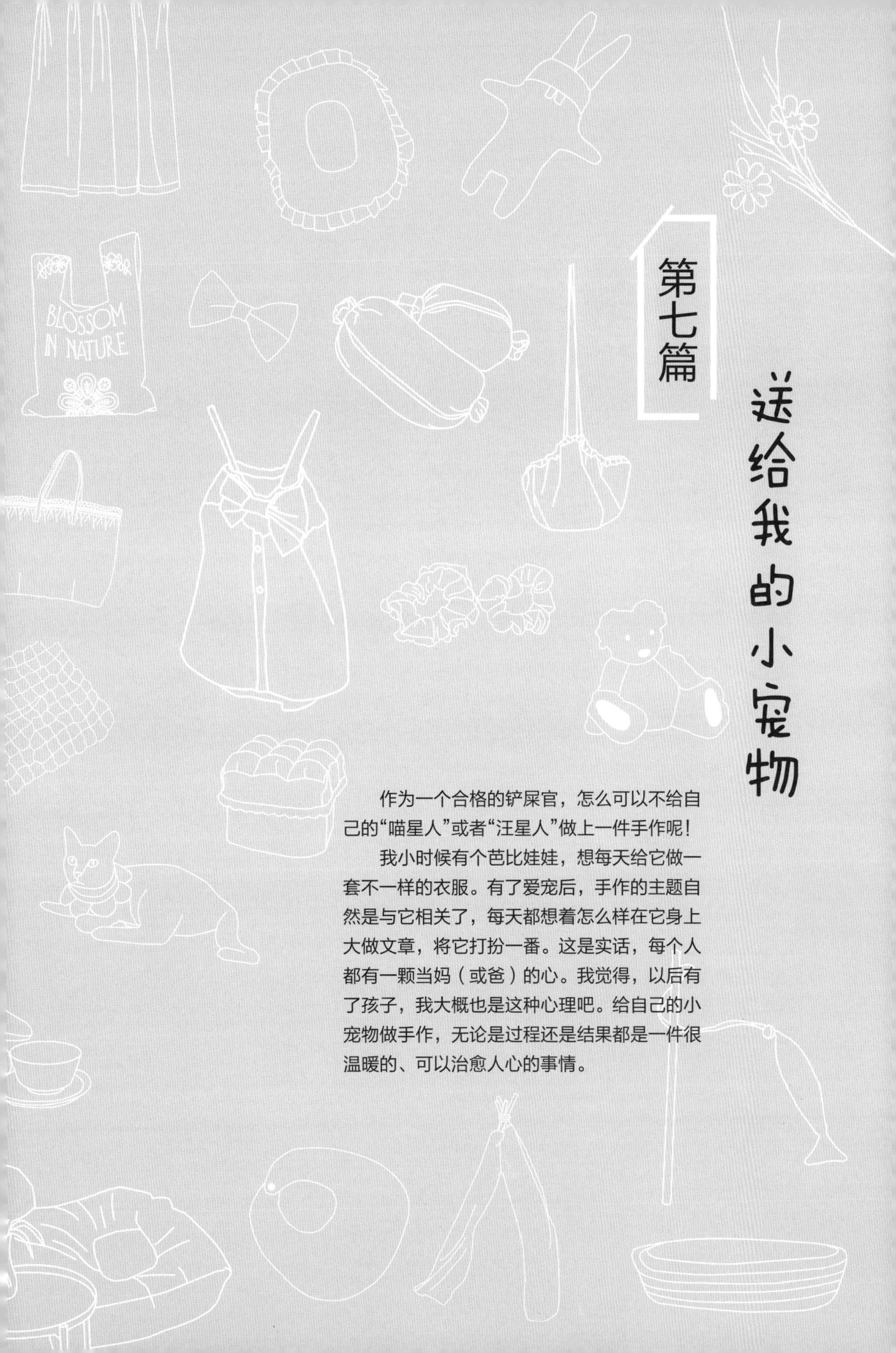

第七篇 送给我的小宠物

作为一个合格的铲屎官，怎么可以不给自己的“喵星人”或者“汪星人”做上一件手作呢！

我小时候有个芭比娃娃，想每天给它做一套不一样的衣服。有了爱宠后，手作的主题自然是与它相关了，每天都想着怎么样在它身上大做文章，将它打扮一番。这是实话，每个人都有一颗当妈（或爸）的心。我觉得，以后有了孩子，我大概也是这种心理吧。给自己的小宠物做手作，无论是过程还是结果都是一件很温暖的、可以治愈人心的事情。

逗猫棒——吃鱼了

只要稍作改变，就能做出不一样的逗猫棒。有些“喵星人”，

精得很，玩具很快就会玩腻了。多做几个逗猫棒，

让它交替着玩，保证它不会玩腻！

摄影：沈丽

材料

按纸样剪好的鱼身体，鱼尾巴布料各2片，3cm长的布条1条，棉花适量，木棒1根，铃铛1个

步骤

1 分别缝合2片鱼身体、2片鱼尾巴布料，留返口。

2 翻到正面。

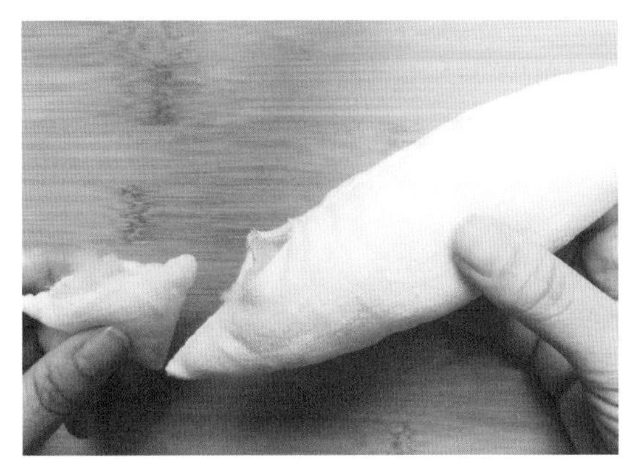

3 塞入棉花，将两个返口用藏针缝方法缝合。

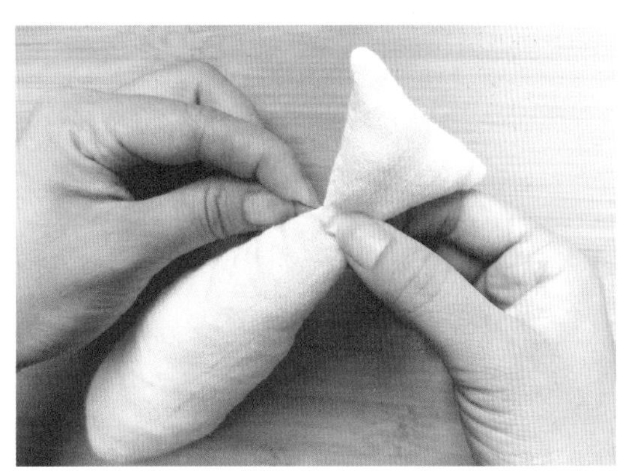

4 缝合鱼身体与尾巴。

5 将布条两端向内折边，两长边往中间折，使用珠针固定，缝合。

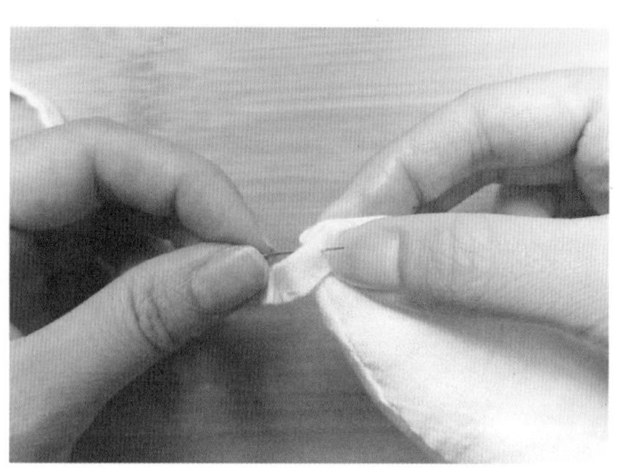

6 将缝好的布条端固定在鱼嘴处。

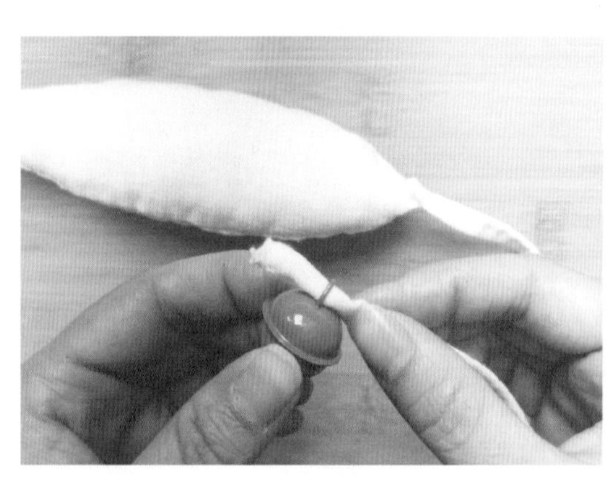

7 穿入铃铛。

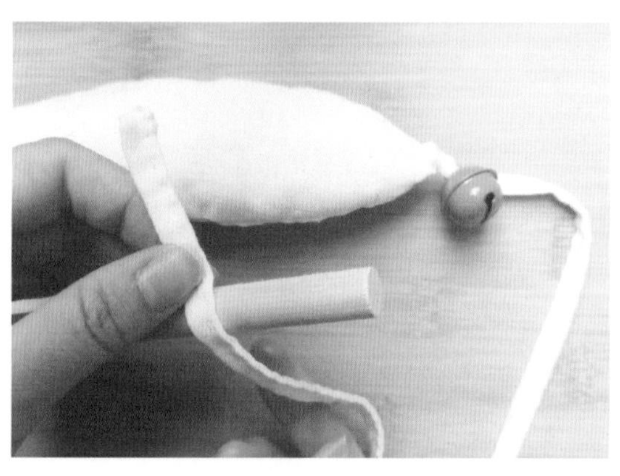

8 将另一头系在木棒上。

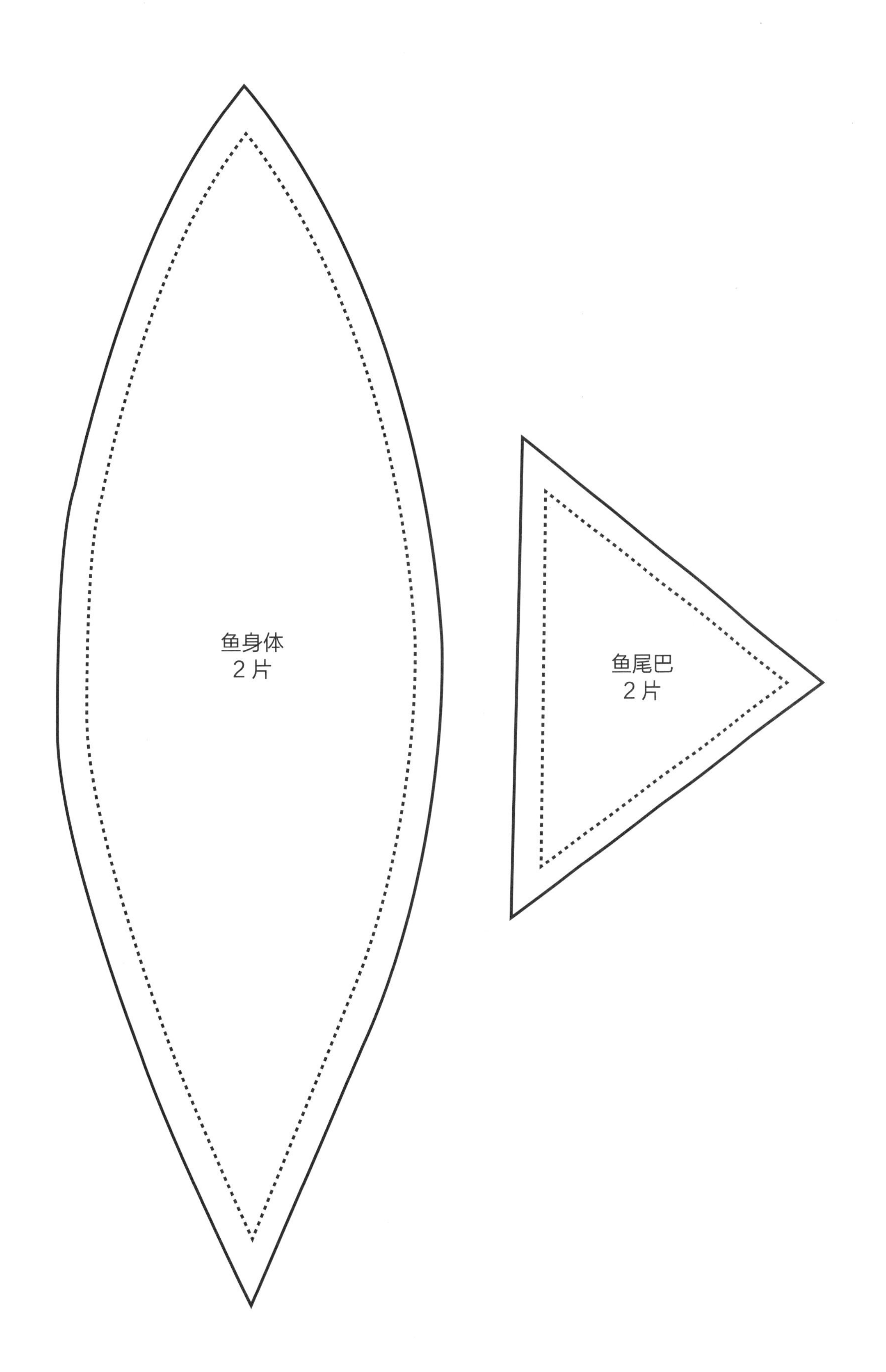
鱼身体
2 片
鱼尾巴
2 片

逗猫棒——仙女棒

这根可以称作『巴啦啦能量』的仙女棒，

哦，不，是逗猫棒，

我相信任何一只猫猫都抵挡不了它的诱惑。

摄影：沈丽

材料

按纸样剪下的五角星形布 2 片，
棉花若干，木棒 1 根，缎带 1 根，
铃铛 1 个

碎碎念

千万不要拘泥于形式，形状、大小可以自己设计。

步骤

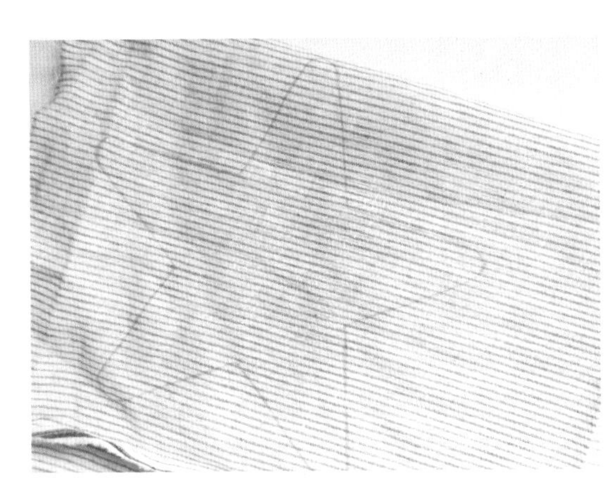

1 如图，依纸样剪下 2 片五角星形布。

2 将 2 片五角星形布正面相对，沿边缘缝合后，留出返口。

3 在凹进去的拐角处剪小口。

4 将小口两侧的布边分别往里折，折好后缝合。

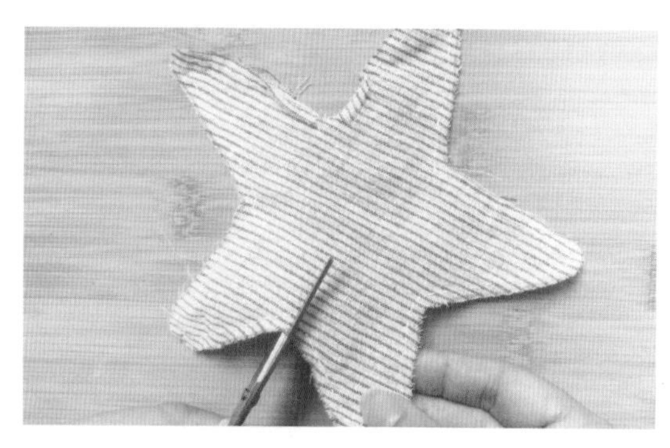

5 其余 4 处剪牙口。

6 从返口处翻回正面。

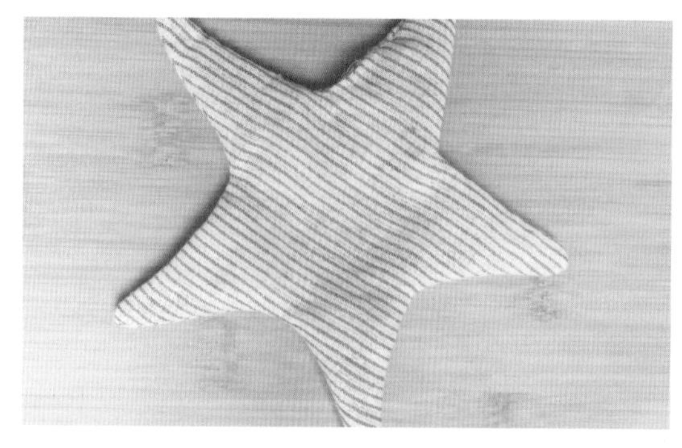

7 整理。

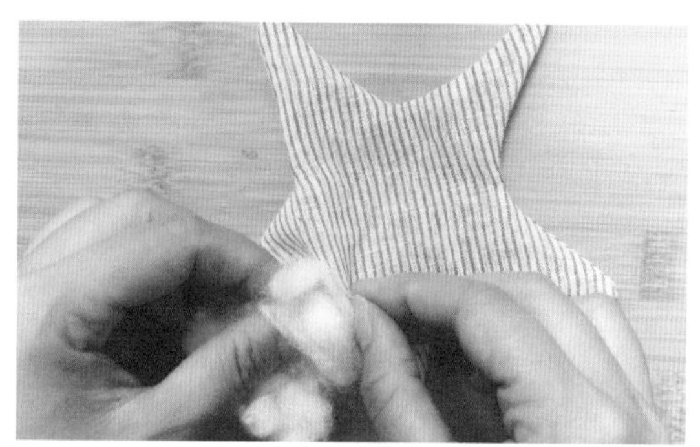

8 塞入棉花。

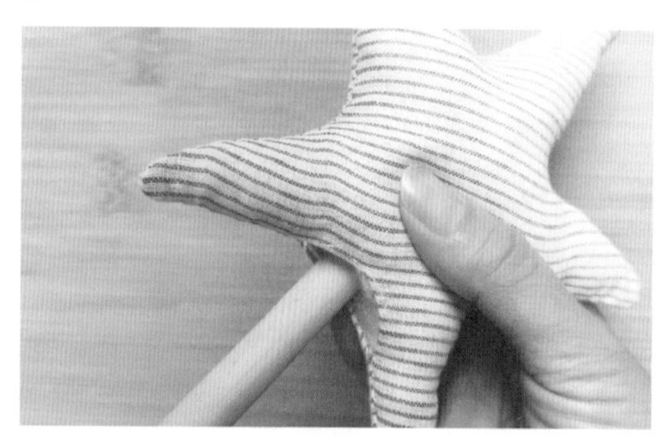

9 将木棒从返口塞入。

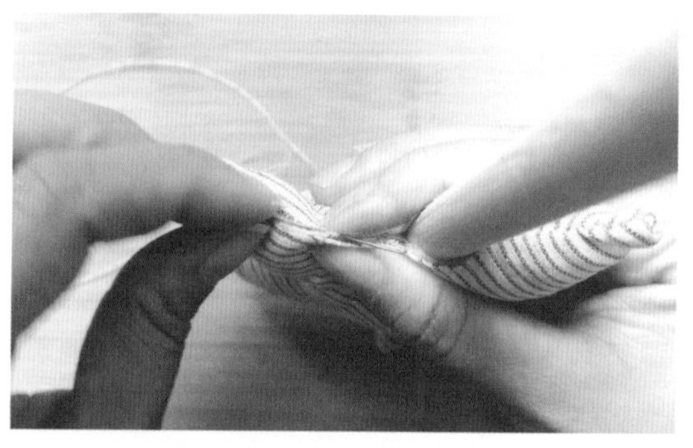

10 将返口以藏针缝方法缝合。

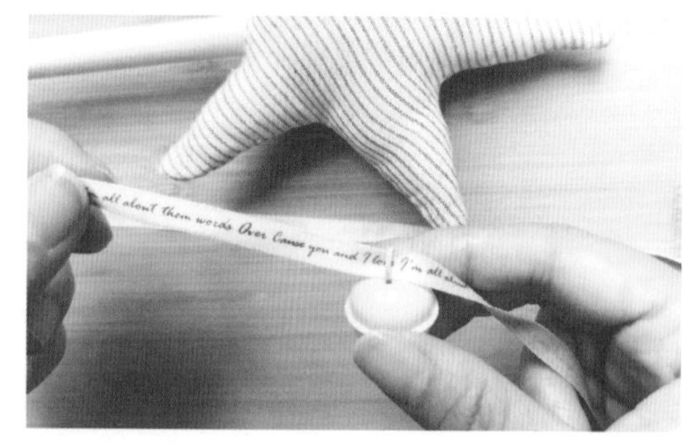

11 将缎带穿上铃铛。

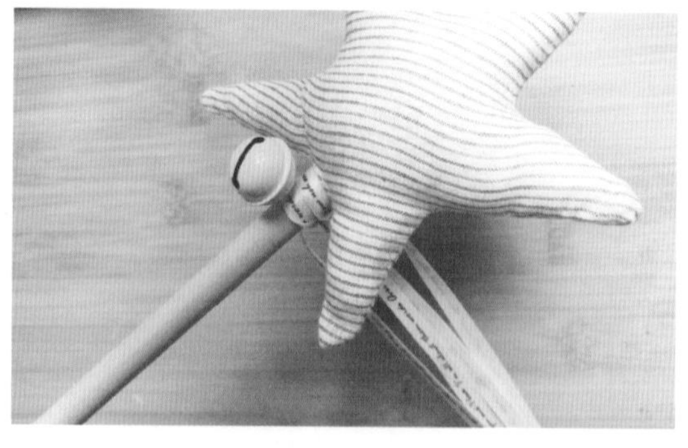

12 将铃铛系在木棒上，完成。

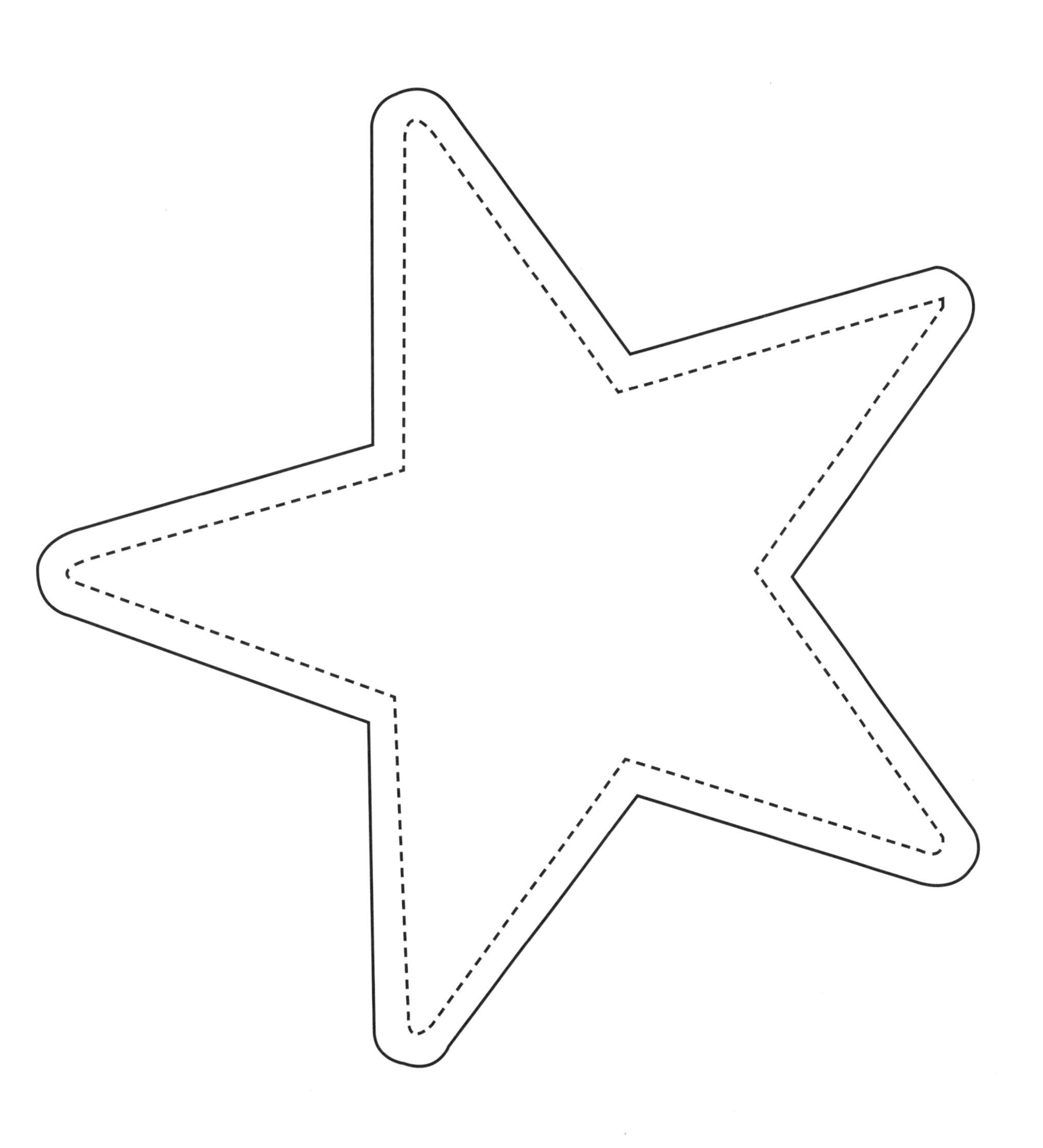

花朵项圈

不同的项圈可以让『喵星人』展现不一样的吸引力，
我们试试花朵项圈吧！
当戴着这个项圈的毛茸茸的小脸眼巴巴地望着你的时候，
你是不是被萌化了，
忍不住伸手将桌上的美食拿给这朵“小花”呢？

摄影：沈丽

材料、工具

布料，直发板

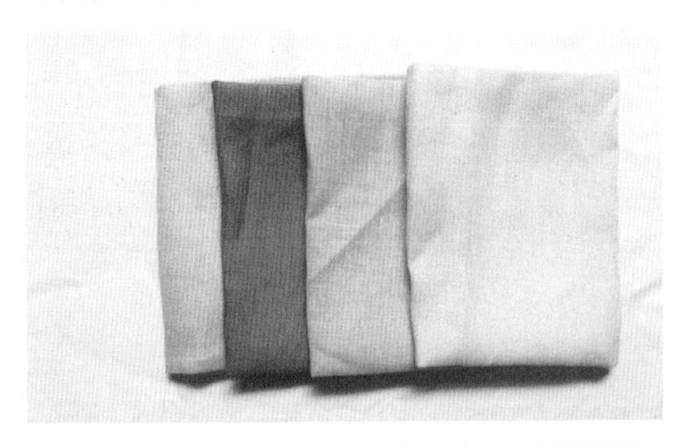

碎碎念

什么布料都可以，你觉得好看就行，或者直接从不要的衣服上面剪下来也可以。

纸样

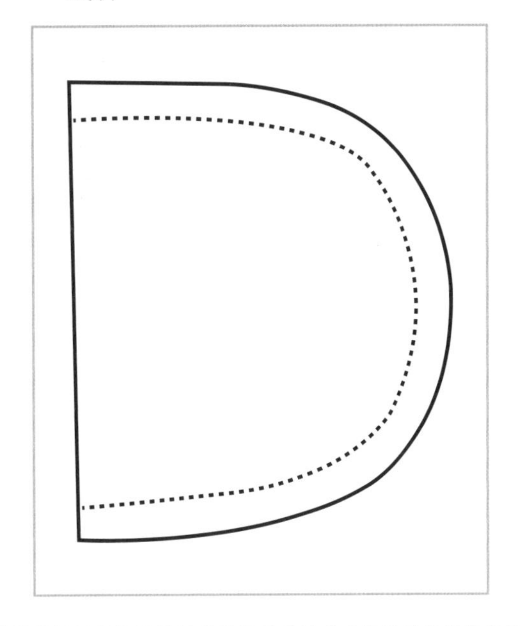

步骤

1 按图示，根据纸样剪出半圆形布片 16 片，4cm×25cm 的布条 1 条。

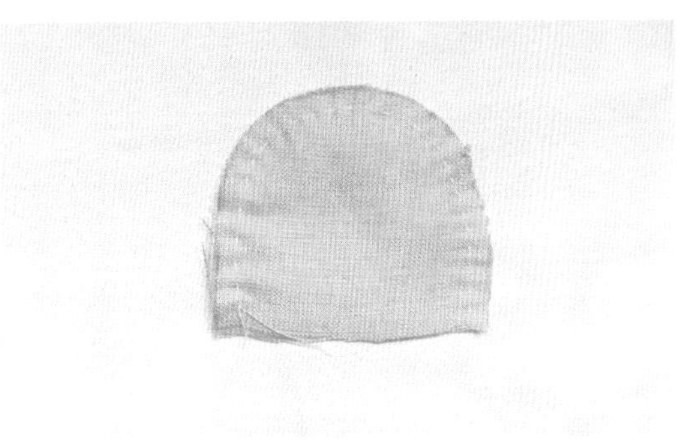

2 将两片布片正面相对重叠，按图示缝合。

3 全部缝合。

4 剪牙口。

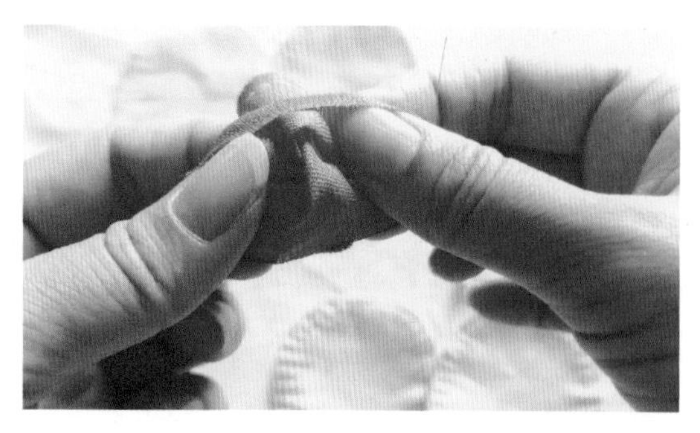

5 翻回正面。

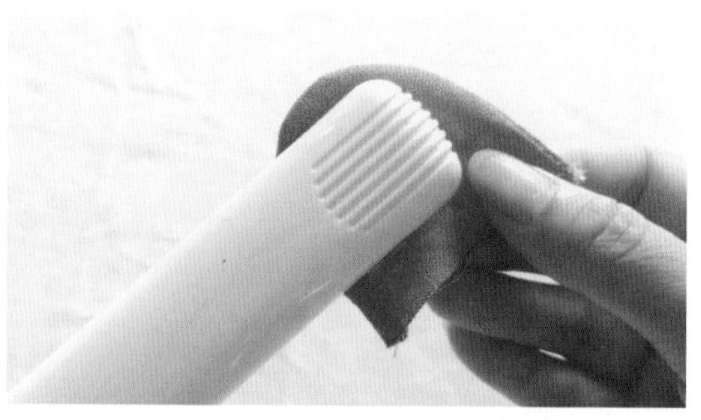

6 使用直发板熨烫。

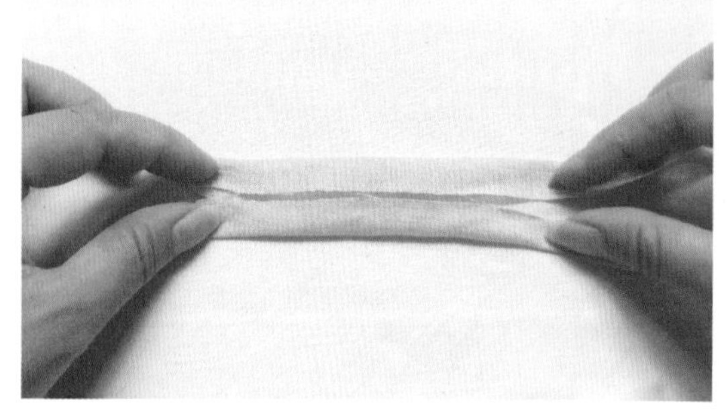

7 将布条两长边往中间折。

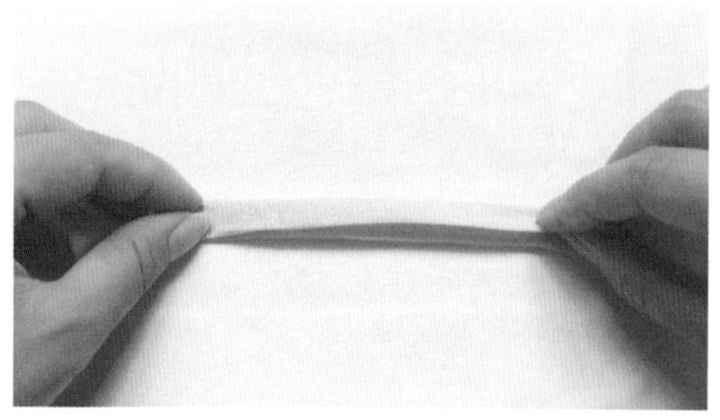

8 再对折。

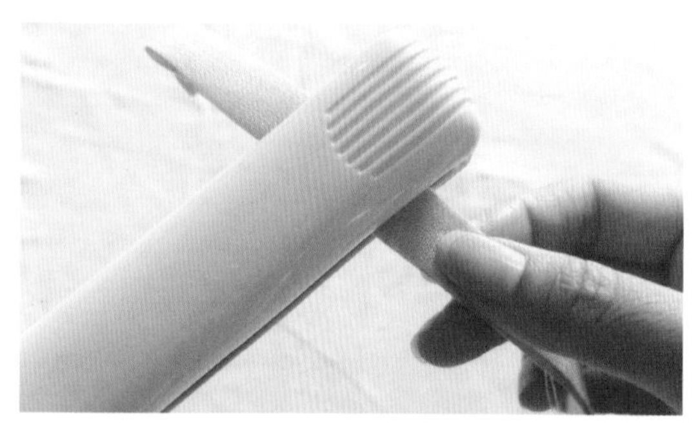

9 使用直发板熨烫定形。

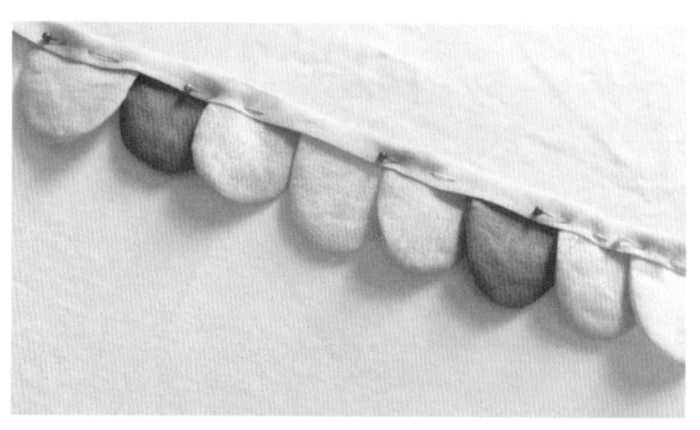

10 将半圆形布片排列好，用布条夹住，再用珠针固定。

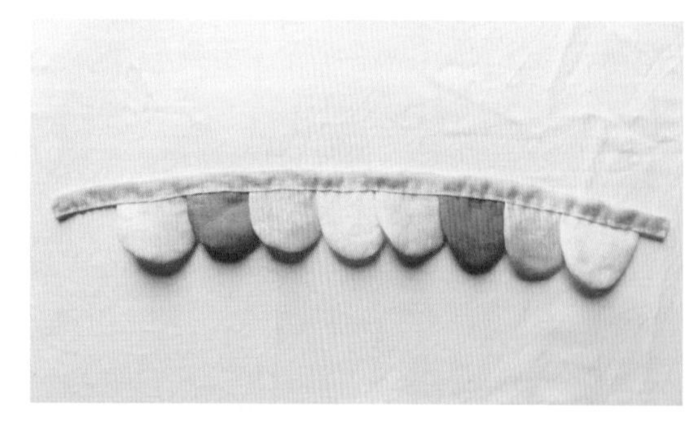

11 缝合。

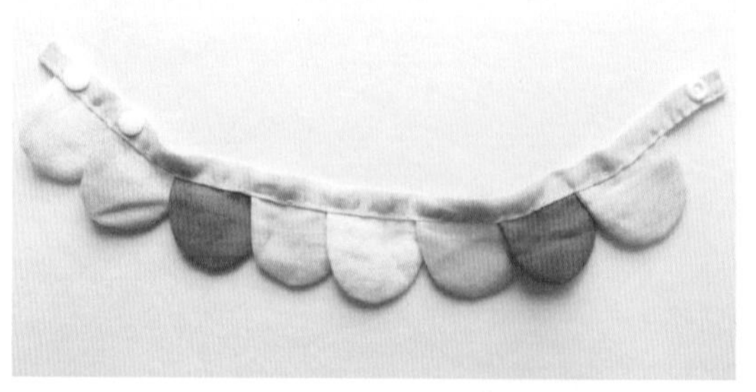

12 可加上扣子，我在一端加了两颗四合扣，以方便调节大小，或者直接用绑带的方式系在猫的脖子上。

宠物帐篷

我以前在幼儿园工作过一段时间，幼儿园的教室里有一个角落，叫情绪角。这里被布置成一个温馨的帐篷式独立空间，当孩子想独处的时候他就会自己待在里面。我觉得，「喵星人」同样需要这么一个可以自己待着，不被「铲屎官」打扰的地方。同样，这也可以是一个它休息睡觉的地方。只要多点耐心，这个帐篷制作起来并没有你想象的那么难，准备好几根木棍，一片漂亮的布，我们就开始吧！

摄影：沈丽

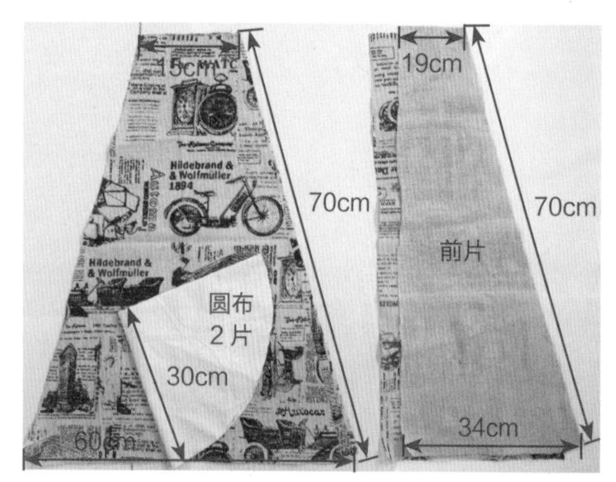

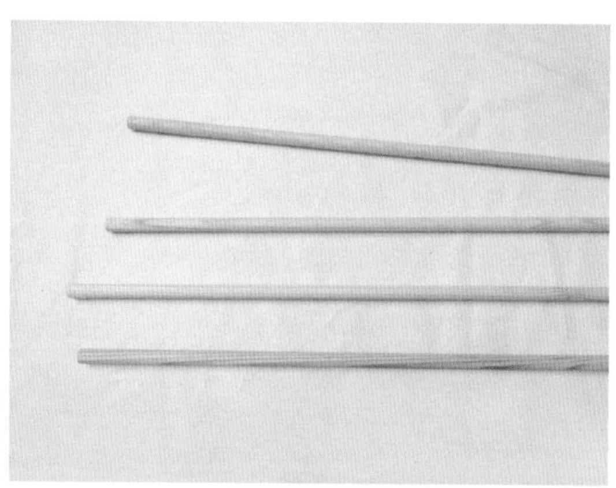

材料、工具

布料两种（按图示剪好），
70cm长的木棍4根，麻绳，
棉花，水消笔

碎碎念

根据你的木棍长短去裁剪布料的长度，有卖现成的木棍的，也可以用其他一些棍子代替，我就留着之前的简易布衣柜和简易鞋架的棍子，这些也是可以用的。

步骤

1 先处理3片大梯形布片，将短边连续往下折两折，每次约折1cm。

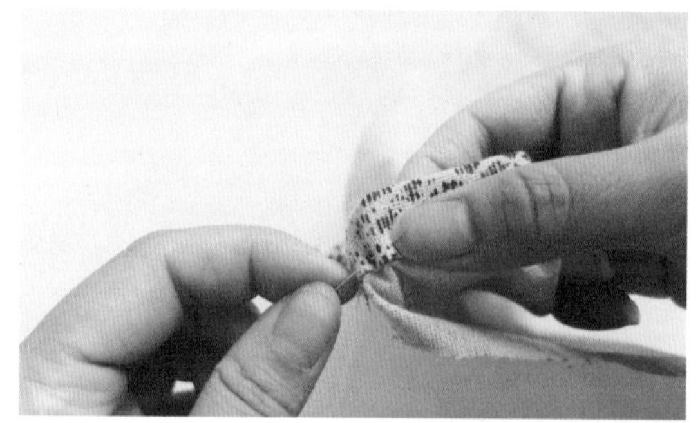

2 缝合。

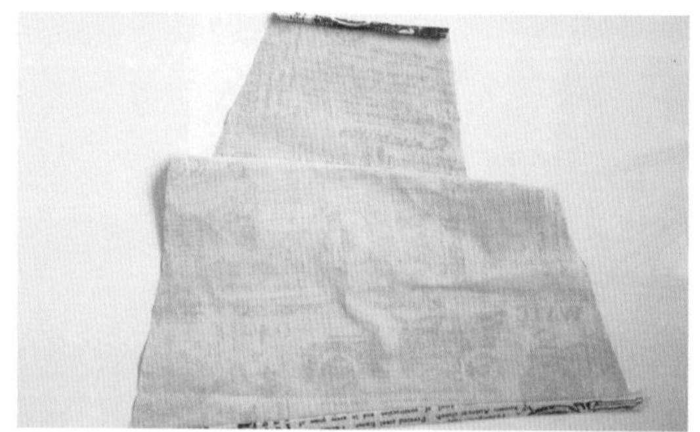

3 上下两端处理方法相同，其余两片布也如此缝合处理。

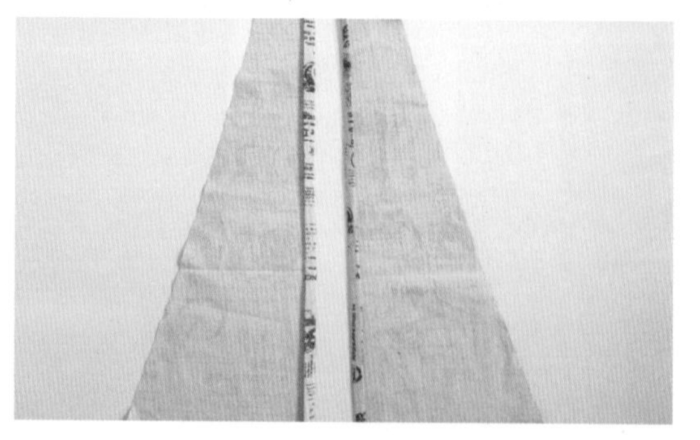

4 处理前片。中间处分别连续往内折两折，每次折约1cm。上下两端的处理方法跟前面的三片布片一样。

5 将上端以藏针缝方法缝合约 10cm。

6 缝合完毕。

7 将两片大梯形布片正面相对放好，按图示虚线缝合，宽度按照木棍的粗细程度确定。

8 用同样方法缝合所有布片。该位置用来塞入木棍。

9 将两片圆形布片正面相对放置好。缝合，留返口。

10 翻回正面。

11 从返口处塞入棉花，然后缝合返口。

12 缝合后，在面上使用水消笔定几个点，画叉。

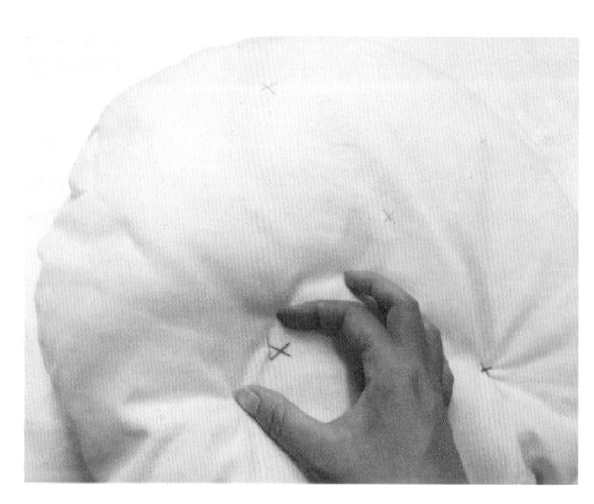

13 使用粗一点的线缝图案。加固两次，避免线崩开。将线拉紧，形成凹坑。

14 将木棍塞入，组装帐篷。

15 最后将木棍用麻绳绑好。